Printed in the United States
By Bookmasters

بسم الله الرحمن الرحيم

الإشعاع والطاقة النووية
حقائق العلم في مواجهة الوهم

الإشعاع والطاقة النووية
حقائق العلم في مواجهة الوهم

تأليف
د.عبد الوالي العجلوني
جامعة الطفيلة التقنية

الطبعة الأولى
2011م

الحامد

المملكة الأردنية الهاشمية
رقم الإيداع لدى دائرة المكتبة الوطنية
(2010/9/3266)

539.7

"محمد سعيد" العجلوني، عبد الوالي.
الإشعاع والطاقة النووية في مواجهة الوهم/ عبد الوالي "محمد سعيد" العجلوني،
- عمان : دار ومكتبة الحامد للنشر والتوزيع، 2010 .
(   ) ص .
ر. إ. : (2010/9/3266) .
الواصفات :الطاقة النووية//الأبحاث النووية/

*يتحمل المؤلف كامل المسؤولية القانونية عن محتوى مصنفه ولا يعبّر هذا المصنف عن رأي دائرة المكتبة الوطنية أو أي جهة حكومية أخرى.

❖ أعدت دائرة المكتبة الوطنية بيانات الفهرسة والتصنيف الأولية .

* (ردمك) ISBN 978-9957-32-556-5

شفا بدران - شارع العرب مقابل جامعة العلوم التطبيقية
هاتف: 5231081 -00962 فاكس : 5235594 -00962
ص.ب . (366) الرمز البريدي : (11941) عمان - الأردن

Site : www.daralhamed.net
E-mail : info@daralhamed.net
E-mail : daralhamed@yahoo.com
E-mail : dar_alhamed@hotmail.com

الإهــــداء

إلى روح والدي العزيز
إلى أمي الغالية
إلى زوجتي وأبنائي وبناتي
أهدي هذا الكتاب

فهرس المحتويات

مقدمة

إنّ كلمات مثل: الإشعاع والإشعاع النووي، والطاقة النووية، والمفاعلات النووية، والحوادث النووية، والحوادث الإشعاعية، والتلوث الإشعاعي، ومفاعل "تشرنوبيل"، ومفاعل "ديمونا"، والأسلحة النووية، و"هيروشيما" و"ناجازاكي"، تجعل السامع أو القارئ لهذه الكلمات يشعر بالفزع من مجرد سماعها أو قراءتها، وإذا ما أمعن التفكير فيها فقد يصل هذا الفزع إلى حدّ الرعب، الذي قد ينغص عليه حياته، إذ سيشعر بأنّ أمنه وطمأنينته مهددان بشكل كبير، وأنّ استقراره قد يزول سريعاً إذا ما حصل حادث في مكان ما سواء أكان قريبًا أم بعيدًا. وقد أضاف تفكك الاتحاد السوفييتي السابق، واحتمال سرقة المواد المشعة أو الأسلحة النووية، ودخول مفهوم الإرهاب بشكل قوي إلى حياة الناس في أرجاء العالم كافة بعداً هاماً في زيادة درجة ذلك الفزع.

إنّ تداول موضوع الإشعاع والطاقة النووية يتمّ في كثير من المواقع والأحيان من قبل غير المختصين، ويتمّ تداوله على أنه نوع من التجارة، التي تهدف للحصول على ربح وفير من خلال المعرفة المنقوصة الموجودة لدى المواطن العادي، تلك المعرفة التي ساهمت وسائل الإعلام في تشكيلها كلوحة قاتمة ملؤها الخوف، وإطارها المعلومة الناقصة والتحليل الخاطئ، ودعامتها الجهل.

يهدف هذا الكتاب إلى تقديم المعلومة الحقيقية بشكل علمي مبسط ودقيق، وبعيد عن تعقيدات المعادلات الفيزيائية، حتى يستطيع القارئ أن يرى ويحكم، على مواضيع وقضايا يتداولها القارئ العادي بطريقة غير عادية، ألا وهي تلك القضايا والمواضيع المتعلقة بالاشعاع النووي والطاقة النووية، والمخاطر الاشعاعية المصاحبة للتلوث الاشعاعي، راجيا ان تنال هذه القضايا اهتمامكم من القراءة المتأنية.

ويتألف الكتاب من اثني عشر فصلاً ، تتحدث الفصول الثلاثة الأُوَلى عن الإشعاع كحقيقة حياتية، واستخداماته، والآثار الحيوية له، ويقدّم الفصل الرابع سرداً لتاريخ الطاقة النووية، ويبيّن الفصل الخامس الأسس الفيزيائية لإنتاج الطاقة النووية. ويتحدث الفصل السادس عن المفاعل النووي من حيث مكوناته، وأنواعه، ويستعرض الفصل السابع بعض الحقائق عن اليورانيوم، واستخداماته كعنصر كيماوي، وكيفية تخصيبه وتصنيعه كوقود للمفاعلات، وكيفية معالجة الوقود المستهلك. وأمّا الفصل الثامن فيقدم عرضاً لتأثيرات الأسلحة النووية المباشرة وغير المباشرة، ويعرض الفصل التاسع لعلاقة الطاقة النووية بالسياسة، وموضوع الانتشار النووي، ودور وكالة الطاقة الذرية الدولية بهذا الشأن. ويتناول الفصلان العاشر والحادي عشر قضيتي التأثيرات البيئية للطاقة النووية، والنفايات النووية من باعتبارهما قضيتين هامتين تشغلان مستخدمي الطاقة النووية، والمناوئين لها. وأخيراً خصص الفصل الثاني عشر للحديث عن اليورانيوم المنضب من حيث استخداماته، وطرق إنتاجه، وتأثيراته الصحية.

الفصل الأول

الإشعاع حقيقة حياتية

الإشعاع حقيقة حياتية

لولا المنافع الكثيرة التي جناها ويجنيها الإنسان من الطاقة النووية والمواد المشعة والإشعاع الصادر منها لما كان إنتاج هذه الطاقة وهذه المواد مبررا أو مقبولا؛ فعلى مدى عقود ساهمت الطاقة النووية والمواد المشعة الطبيعية والصناعية بشكل واسع في تطور الإنسان وتقدمة وتحسين مستوى حياته. ان موضوع الاشعاع من المواضيع المهمة والتي يكثر الحديث عنها، حيث العديد يشعر كثير من الناس بالخوف إلى حد كبير على صحتهم وصحة ابنائهم وأحفادهم ، خاصة عند الحديث عن الآثار بعيدة المدى للإشعاع. فالحديث عن احتمالية وقوع حوادث في المفاعلات النووية القريبة او البعيدة وعبور اثارها للحدود وانتقال المواد المشعة الى التربة والمياه والحيوان والنبات والانسان، والحديث عن النفايات النووية ودفنها في الدول الفقيرة واحتمالية تلويثها للمياة الجوفية، وانتشار الملوثات الاشعاعية الناتجة من الاستخدام العادي للمفاعلات النووية، ناهيك عن الكثير من المصطلحات المفهومة وغير المفهومة فالاسلحة النووية والقنابل الهيدوجينية والقنابل النيوترونية والقنابل النظيفة والاسلحة القذرة والاسلحة الاشعاعية، كل ذلك تجعل الواحد منا يتمنى لو استطاع الهجرة الى الفضاء الخارجي ليسلم بحياته من هذا الخطر الداهم الذي يجعله يعيش في دوامة من الخوف والرعب والقلق وربما القهر.

كان الفلاسفة الإغريق يعتقدون ان جميع المواد الموجودة في الكون تتكون في أساسها من تراكيز متنوعة واتحادات مختلفة من أربعة عناصر أساسية هي التراب والماء والهواء والنار. كما افترض بعضهم ان المادة تتكون من جسيمات كروية صغيرة الحجم لا يمكن تجزئتها سميت ذرات وهي الكلمة المقابلة للكلمة الاغريقية (اتوموس) والتي تعني لا يمكن تجزئته.

لقد ابتدأ العلم الذري بداية جادة في القرن السابع عشر- بجهود مجموعة من علماء الفيزياء والكيمياء حيث تم تعريف العنصر الكيميائي وتحديد العديد من

العناصر الكيميائية وتمييزها بوضوح عن المركبات الكيميائية، ثم ومن خلال تطور النظرية الحركية للغازات امكن تعيين حجم ذرات الغاز ووزنها التقريبي وامكن ايضا حساب عدد الذرات او الجزيئات لكل وحدة وزن ذري او ما عرف فيما بعد بعدد افوجادرو.

في القرن التاسع عشر تم انجاز العديد من الاعمال المهمة ومنها تأيين الغاز بواسطة التفريغ الكهربائي واكتشاف الالكترون وتحديد شحنته وكتلته واكتشاف الاشعة السينية واشعة جاما، واكتشاف النشاط الاشعاعي وعزل عنصر الراديوم المشع لاول مرة في التاريخ. وبعد ذلك وفي مطلع القرن العشرين، قرن الطاقة النووية، ظهرت نظرية الكم وقدم اينشتين معادلته الشهيرة في ان كمية الطاقة الناتجة من تحول الكتلة هي مقدار الكتلة مضروبا بمربع سرعة الضوء.

ادى اكتشاف النشاط الاشعاعي الى فهم حقيقة الذرة بشكل اكبر حيث استخدم رذرفورد جسيمات الفا لدراسة الذرة وقدم نموذجه المعروف عن الذرة والذي لا يزال هو التصور السائد الى وقتنا الحالي في ان الذرة متعادلة كهربائيا وانها تتكون من الالكترونات ذات الشحنه السالبة تدور حول النواة ذات الشحنة الموجبة الموجودة في مركز الذرة كما تدور الكواكب حول الشمس، وان اغلب حجم الذرة فراغ، وان معظم كتلة الذرة متركزة في النواة. لم يتوقع رذرفورد ان يكون للعالم الدقائقي الجديد الذي قام بتوصيفه اية فوائد اقتصادية او اجتماعية. كما كان اكتشاف النيوترون، وهو جسيم متعادل كهربائيا وكتلته تفوق كتلة البروتون بمقدار ضئيل، حدثا مهما في وضع التصور النهائي لتركيب الذرة. كما قام رذرفورد باجراء العديد من التفاعلات النووية التي اثبت من خلالها امكانية التحول النووي او تحويل بعض العناصر الى عناصر جديدة وهو ما كان يشغل العلماء على مر الزمان منذ الاغريق وما لم يكن ممكنا بالتفاعلات الكيماوية المعروفة.

ان كلمة **إشعاع** ويقصد بها عادة الاشعاع النووي او الاشعاع المؤين ما هو الا طاقة او جسيمات تتحرر من نواة الذرة نتيجة لحالة من عدم الاستقرار تكون فيها النواة، وتسمى المادة التي تكون انوية ذراتها غير مستقرة مادة مشعة. ان الطاقة المتحررة او ما يسمي بأشعة جاما وهي احد اشكال الاشعاع الكهرومغناطيسي- الذي يشمل بالاضافة اليها امواج الرادار والراديو والاشعة تحت الحمراء(الحرارة) والضوء المرئي (الأحمر والبرتقالي والأصفر والأخضر- والأزرق والبنفسجي) والأشعة فوق البنفسجية والأشعة السينية. وكل هذه الأنواع من الأشعة تحيط بنا وتغمرنا وتلتصق بأجسامنا وتخترقنا جيئة وذهابا كما لو كنا ألواحا من الزجاج او غرابيل، فلا تأبه لوجودنا ولا تتأثر بنا وإن كنا نتأثر بها ونحتاج اليها حاجة ماسة فمن منا يستطيع تخيل الحياة بدون الضوء أو الدفء. أما الجسيمات التي تنطلق من الأنوية غير المستقرة فهي جسيمات ألفا وبيتا والنيوترونات وهي ذات طاقة عالية وان اختلفت طاقاتها وتفاوتت قدراتها على اختراق المواد.

إن المواد المشعة أو العناصر المشعة موجودة في الطبيعة منذ بدء الخليقة فهي موجودة في اجسامنا وغذاءنا والماء الذي نشربة والهواء الذي نستنشقة. فعظامنا تحوي البولونيوم والراديوم المشعين، وعضلاتنا تحوي الكربون والبوتاسيوم المشعين، وهناك غازات نبيلة وهيدروجين ثلاثي (تريتيوم) وهي جميعا مشعة موجودة في رئة أي منّا، كما نتعرض لشواظٍ من الأشعة الكونية ونستنشق غاز الرادون المشع بشكل دائم. كما ان العديد منا يعيش في أجواء مليئة بالمواد المشعة اذا كان يعمل في اماكن استخراج النفط او الفوسفات او ذهب للاستجمام في الحمامات المعدنية، وإذا كان من محبي السفر بالطائرة فهذا يضاعف كمية الاشعة التي يتعرض لها.

ان كل المواد المشعة التي ذكرت آنفا هي مواد مشعة طبيعية وجدت منذ بدء الخليقة، غير انه تم تصنيع اجهزة تصدر اشعة كتلك التي تستخدم في التصوير الاشعاعي الطبي والصناعي، كما انه تم تصنيع العديد من المواد المشعة وذلك

بتحويل مواد مستقرة الى مواد ذات انوية غير مستقرة وذلك من خلال التفاعلات النووية بحيث تنتج مادة مشعة يمكن اشتخدامها لاغراض محددة مثل الكوبلت المشع المستخدم في وحدات العلاج الاشعاعي للسرطان والذي ينتج من خلال قذف مادة النيكل غير المشعة بالنيوترونات فينتج الكوبلت المشع، واليود المشع الذي يستخدم في تشخيص وعلاج امراض الغدة الدرقية والعديد من المواد الاخرى التي تستخدم في تشخيص وعلاج العديد من الامراض.

ان المفاعلات النووية التي تستخدم لانتاج الطاقة او لاغراض البحث العلمي، تعتبر من اكبر مصادر انتاج المواد المشعة على الاطلاق، حيث ان انشطار أنوية ذرات اليورانيوم الموجود في قلب المفاعل يؤدي الى انتاج ما يزيد عن مئتي مادة مشعة وهذه المواد تختلف فترة فعاليتها الاشعاعية اختلافا كبيرا، غير ان اغلبها سرعان ما يتحول الى مواد غير مشعة بواسطة عملية الانحلال الاشعاعي وتبقى في الغالب داخل حافظات الوقود الى ان تتم معالجتها في مواقع مناسبة ولايسمح لها بالخروج الى البيئة الا النزر اليسير منها.

لقد ادى اكتشاف الاشعاع المؤين واستخدامه الى فوائد جمة في الطب والصناعة والزراعة والتعليم، غير ان العديد من الناس لا يزال يتملكهم الرعب وينتابهم الفزع عند سماع كلمة **إشعاع** وذلك لقلة معرفتهم في هذا الموضوع مما يؤدي الى التقييم الخاطئ لمنافع الاشعاع ومخاطره، وقد كان لانفجار الوحدة الرابعة من مفاعل تشرنوبل عام 1986أثرا نفسيا واجتماعيا سيئا خاصة مع المساهة الاعلامية في تضخيم الحادث وما كان يتوقع منه وقت حدوثه، الا ان الاخطار الصحية والبيئية كانت منخفضة جدا. ان مخاوف البعض قد يكون لها ما يبررها، غير انه ونتيجة للمعرفة المتدنية لدى الكثيرين او وجود المعرفة غير الكافية للاجابة على كافة الاسئلة المتعلقة بالاشعاع، حتى لدى العديد من المختصين، يؤدي الى مخاوف غير صحيحة.

ان خاصية الاشعاع التي تمتاز بها المادة هي صفة متعلقة بنواة الذرة فقط، أما الالكترونات، وهي جسيمات ضئيلة الكتلة مقارنة بالنواة، وتحمل الشحنة السالبة وتدور حول النواة، فهي التي تحدد السلوك الكيماوي للمادة ولا علاقة مطلقا لها بالفعالية الاشعاعية. تحوي النواة البروتونات موجبة الشحنة والنيوترونات متعادلة الشحنة وكتلتيهما متقاربتان وكتلة كل منهما تقارب كتلة 2000الكترون. وفي الذرة المتعادلة يتساوى عدد البروتونات وعدد الالكترونات اما اذا زاد عدد احد الانواع عن الآخر فنقول ان الذرة متأينة.

يحدد العنصر من خلال عدد البروتونات الموجودة في نوى ذراته، فالهيدروجين لديه بروتون واحد والاوكسجين ستة عشر بروتونا والهيليوم بروتونان والكربون ستة بروتونات. بازدياد عدد البروتونات تصبح النوى أثقل، فالثوريوم لديه 90 بروتونا واليورانيوم 92، وتسمى العناصر التي لديها أكثر من 92 بروتونا بعناصر ما بعد اليورانيوم او الترانزيورانيك. ان دور النيوترونات مهم جدا في تحديد كون النواه مشعة، فالنوى المستقرة، في الغالب، يكون فيها عدد البروتونات اقل قليلا من عدد النيوترونات وتكون جميعها مرتبطة بشكل قوي بحيث لا تسمح لاي من مكونات النواه بالخروج منها، فتبقى النواه متزنة وهادئة. أما اذا اصبح عدد النيوترونات فوق حد التوازن فيصبح لدى النواة زيادة في الطاقة بحيث لا تستطيع السيطرة على مكوناتها، فتتخلص من هذه الطاقة اما على شكل اشعاع كهرومغناطيسي (أشعة جاما) او تحرير جسيمات من داخلها (اشعة الفا او بيتا) او الاثنين معا، وهنا نقول ان هذه المادة او الذرة او النواة مشعة.

ان عملية تحول الذرة غير المستقرة، او النشطة اشعاعيا، الى ذرة مستقرة باشعاعها للطاقة الزائدة تسمى بالانحلال او التحلل او الاضمحلال الاشعاعي. وهذه العملية قد تكون بخطوة واحدة كما في النوى الخفيفة، او بالعديد من الخطوات حيث ان النواه الاساسية وتسمى هنا النوة الام، تنحل الى نواة جديدة ،

أو نواة وليدة ، غير مستقرة تقوم بالانحلال بدورها اى نواة وليدة جديدة، وهكذا الى ان تصل العملية الى نواة مستقرة، وتشكل عمليات الانحلال عبر خطوات عدة بسلاسل الانحلال الاشعاعي. ومن اشهر الامثلة على الانحلال عبر سلسلة هو انحلال نواة اليورانيوم التي تحوي 92 بروتونا و146 نيوترونا، وتفقد بروتونين ونيوترونين كرزمة واحدة، وهو المعروف بجسيم الفا، فتصبح النواة الجديدة ب90 بروتون و144 نيوترون أي نواة الثوريوم، اي ان نواة اليورانيوم اختفت واعطت الحياة لنواة الثوريوم التي تنحل بدورها الى نواة اخرى، والنواة الجديدة تنحل الى نواة اخرى، وبعد اربعة عشر عملية انحلال تختفي نواة اليورانيوم النشطة اشعاعيا وترى النور نواة الرصاص المستقرة. وهكذا نرى ان عملية الانحلال الاشعاعي تساهم في انتاج مواد مشعة في البيئة.

ان النشاط الاشعاعي الذي تمتاز به المواد المشعة يشير الى مقدرة تلك المواد على الاشعاع، ولكنه لا يعطي اية فكرة كمية عن مقدار الاشعاع الصادر او مقدار الخطر الصحي المتعلق بهذا الاشعاع. لذلك فانه تم تعريف النشاط الاشعاعي لكمية معينه من المادة المشعة بدلالة عدد الانحلالات التي تحصل في العينة في الثانية الواحدة. فإذا كان لدينا انحلالا واحدا في الثانية فيقال ان النشاط الاشعاعي في العينة هو بيكريل واحد، واذا كان عددها 100 انحلال في الثانية فإن النشاط الاشعاعي يكون 100 بيكريل. هذا مع الاشارة الى ان النشاط الاشعاعي او الانحلال الاشعاعي لا علاقة له بحجم المادة او كتلتها او شكلها الكيماوي او حالتها الفيزيائية سوا كانت صلبة او سائلة او غازية، وانما تتعلق بخاصية لنواة المادة ولا يوجد اية قوة خارجية يمكن ان تتدخل فيها سواء زيادة او انقاصا او تسريعا او منعا لذلك فهي تسمى عملية تلقائية. لذلك فإن النشاط الاشعاعي لقطعة صغيرة من الكوبلت قد يكون اكبر من الفعالية الاشعاعية لعدة اطنان من مادة أخرى. فعلى سبيل المثال فإن غراما واحدا من الراديوم-226 تكون فعاليتها الاشعاعية 37 الف مليون بيكريل هذا مع العلم ان غرام الراديوم الواحد فيه حوالي 2700

مليون مليون مليون ذرة وجميع انويتها مشعة. اما الغرام الواحد من اليورانيوم المنضب فنشاطيته الاشعاعية هي 12 الف بيكريل، ولغرام واحد من السيزيوم-137 حوالى 3 مليون مليون بيكريل. اي ان النشاط الاشعاعي لغرام واحد من الراديوم-226 يكافئ النشاط الاشعاعي لحوالي ثلاثة أطنان من اليورانيوم المنضب، و النشاط الاشعاعي لغرام واحد من السيزيوم-137 يكافئ النشاط الاشعاعي لما يقرب من 240 طناً من اليورانيوم المنضب. ويعتمد النشاط الاشعاعي في هذه الحالة على عامل مهم جدا وهو المعدل الزمني للانحلال المعروف بعمر النصف، ففي الامثلة المذكورة اعلاه ، تنحل 12 الف ذرة يورانيوم في الثانية الواحدة من كمية مقدارها 2,5 الف مليون مليون مليون ذرة تؤلف في مجملها الغرام الواحد من هذه المادة، اما الزمن اللازم لانحلال ذرات نصف الغرام فإنه يلزم 4,5 الف مليون سنه بينما يلزم 30 عاما لانحلال نصف ذرات غرام السيزيوم و1600 عاما لانحلال نصف ذرات غرام الراديوم، لذلك سميت الفترات الزمنية 4,5 الف مليون سنه و30 عاما و1600 عاما بعمر النصف لليورانيوم والسيزيوم والراديوم على التوالي. وهذه الفترات الزمنية تمثل ارقاما خاصة ثابتة للعناصر وتتفاوت من عنصر لاخر من ملايين السنين الى اجزاء بسيطة من الثانية غير انها للعنصر الواح تمثل رقما ثابتا لا يتغير مثل عدد بروتوناته او درجة انصهاره او درجة غليانه وبالتالي فانه يمكننا توقع الفترة التي يبقى فيها العنصر مشعا ويمكن حساب فعاليته الاشعاعية بدقة عالية. ولتوضيح فكرة عمر النصف فإذا كان لدينا عينة فعاليتها الاشعاعية 1000 بيكريل من عنصر ما وكانت فترة عمر النصف له 5 سنوات، فان فعاليتها الاشعاعية تصبح 500 بيكريل بعد 5 سنوات، ثم تصبح 250 بيكريل بعد 5 سنوات اخرى، ثم تصبح 125 بيكريل بعد 5 سنوات اخرى وهكذا دواليك الى ان تختفي الفعالية الإشعاعية، من الناحية الفعلية، بعد عدة فترات عمر نصف.

الفصل الثاني

الآثار الحيوية للاشعاع

الآثار الحيوية للاشعاع

2-1 تفاعل الاشعاع مع المادة

كيف يتفاعل الاشعاع مع جسم الانسان؟ كيف يتفاعل الاشعاع مع المواد الاخرى كالماء والهواء والمعادن ؟ والاحياء الاخرى من نباتات وحيوانات؟ للاجابة على هذه الاسئلة يجب ان ننظر الى البعد الحجمي في التفاعل. فلو سقط حجر كتلته 10 كغم على رأس انسان من ارتفاع 10 امتار لادى الى موته، ولكن ماذا يحصل اذا تم تقسيم الحجر الى 10000 قسم واسقطت تباعا بين القسم والذي يليه 5 ثواني مثلا؟ ان الفارق بين عمليتي السقوط انفتي الذكر هو الحجم او ما يمكن تسميته بمبدأ التقابل الحجمي. والحال في عملية التفاعل الاشعاعي مع جسم الانسان ليست بعيدة عما تم وصفه اعلاه. ان الانواع المختلفة من الاشعاع ذات احجام غاية في الضآلة والصغر، وهي عندما تقترب من جسم اي منا لا ترى ما نراه نحن، فهي لا ترى وجوها او عيونا وانوفا او ارجلا وبطونا، بل ترى امامها شبكة متصلة من الجسيمات اغلبها فراغ، فهي تنفذ منه كما تمر الابرة من غربال واسع الثقوب، وهذه الجسيمات التي يراها الاشعاع هي الذرات التي تتحد بتراكيب كيماوية محددة لتكون خلايانا التي تؤلف الانسجة المختلفة في الاعضاء المختلفة من جسم الانسان.

اذا فكل شخص وكل كائن حي وكل شيء مكون من ذرات، ويبلغ عدد ذرات هذه المجموعه للشخص البالغ حوالى 4 آلاف مليون مليون مليون ذرة من ذرات الاوكسجين والهيدروجين والكربون والنيتروجين والفسفور والبوتاسيوم والحديد وعناص اخرى. ويربط بين هذا العدد الهائل من الذرات قوة الجذب الكهربائي مشكلة جزيئات مختلفة التشكيل والاهداف والواجبات. فعندما يتناول الانسان طعامه ينحل هذا الطعام الى ذرات، تتوزع في الجسم فيبقى جزء منها داخل الجسم ليساهم في بناء الانسجة، وبعضها يتفاعل مع ذرات اخرى فتتفكك روابط

الذرات او تنشأ باشكال مختلفة لتزويد الجسم بالطاقة، او لتعويض خلل في مكان ما داخل الجسم، او لتقاوم مرضا معينا.

ان تسمية انواع محددة من الاشعة بالأشعة المؤينة (بكسر الياء) يعود الى طبيعة تفاعلها مع ذرات الوسط الذي تخترقه حيث انها تتفاعل معها وتقوم بفصل الكترون او اكثر من الكترونات الذرة او الجزيء (الشكل رقم 2-1) مما

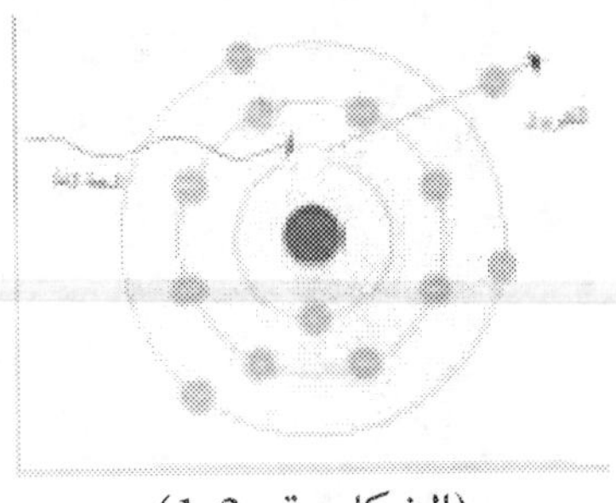

(الشكل رقم 2-1)

يجعل عدد الالكترونات المحيطة بالنواة اقل عددا من عدد البروتونات الموجودة في داخل النواة وتعرف هذه العملية **بالتأين**(الشكل رقم 2- 2)، وتصبح حينها الذرة او الجزيء بحاجة ماسةلاجراء تفاعلات كيماوية مع الذرات والجزيئات الموجودة في الوسط المحيط به. ومن الممكن ان يقوم بتكوين روابط غير طبيعية داخل الوسط منتجة مركبات كيماوية ضاره، كما ان هذا التفاعل يمكن ان ينتهي الى لا شيء حيث يؤدي التفاعل الى تهييج بعض الالكترونات ثم تعاود الرجوع الى مكانها دون ان تحدث اثرا سواء فى الروابط او الجزيئات المتشكلة او الخلية بشكل عام.

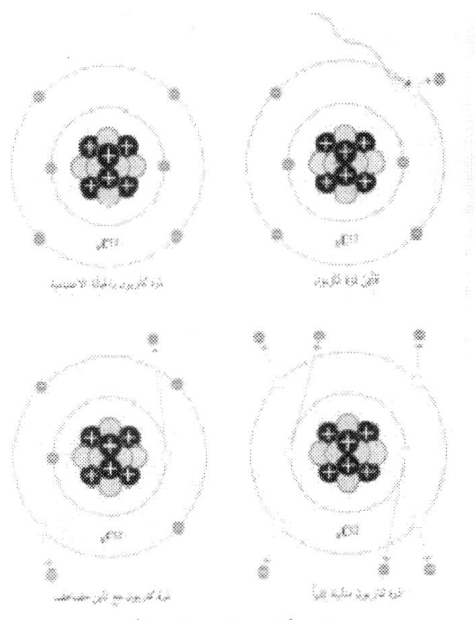

(الشكل رقم 2- 2)

بالرغم من عدم وجود نظرية كاملة الآن لفعل الاشعاع المؤين في انسجة الكائن الحي الا اننا نستطيع القول ان الاشعاع يمكن ان ينتج ايونات تسبب احيانا تغييرات فيزيائية وكيميائية في الانسجة قد تؤدي الى التأثير على العمليات البيولوجية التي تجري في الأنسجة، ولكن هذا التأثير محكوم بشكل كبير بنوع الاشعاع وطاقته. فأشعة او جسيمات الفا وهي نوى ذرات الهيليوم وتتكون من بروتونين ونيوترونين، وهي شديدة التماسك، وشحنتها موجبة ومقدارها ضعف شحنة الالكترون تكون معدومة الخطر عندما تكون خارج الجسم. فالمسافة التي تقطعها جسيمات الفا في الهواء ابتداءا من خروجها من المادة التي تصدرها الى النقطة التي ينتهي تأثيرها عندها هو حوالى 2,5 سم اي أننا يجب أن نشعر بالأمان ضمن هذا المدى، كما ان جسيمات الفا لا تستطيع اختراق الورقة العادية واذا تعرض لها شخص مباشرة فإنها لا تستطيع اختراق الطبقة الخارجية الميتة من الجلد وبالتالي فإن خطرها الخارجي يكون معدوما. اما اذا دخلت المادة المشعة التي تشع

جسيمات الفا الى داخل الجسم فإن جسيمات الفا تصبح الاكثر خطورة بين أنـواع الاشعاع المختلفة.

ان العناصر ذات الانوية الثقيلة كاليورانيوم والثوريوم هي من المواد المشعة التي تطلق جسيمات الفا عادة. اما جسيمات بيتا فهي نوعان سالبة وموجبة الشحنة ومقدار شحنتها مساوٍ لشحنة الالكترون ويصل مداها في الهواء الى حوالي 10 سم واذا ما وصلت الى جسم الانسان فإنها تستطيع الاختراق لغاية الطبقة الاساسية للبشرة مع انها اقل قدرة على التأيين من جسيمات الفا. ان العناصر الناتجة من الانشطار النووي كالسيزيوم من اشهر المواد التي تصدر منها جسيات بيتا.

ان اشعة جاما والأشعة السينية هي عبارة عن اشعة كهرومغناطيسية كالضوء ولكن طولها الموجي قصير جدا وهي لا تحمل شحنة كهربائية وقدرتها فائقة في اختراق المواد المختلفة والانسجة الحية ولكن قدرتها على التأيين اقل بكثير من جسيمات الفا وبيتا، ويعتقد ان نسبة معامل التأيين بين الفا وبيتا وجاما هي 1:100:1000 ، وتنبعث أشعة جاما من جميع المواد المشعة المحضرة صناعيا تقريبا ومن العديد من المواد المشعة الطبيعية.

تعتبر النيوترونات اكثر انواع الاشعة قدرة على الاختراق وذلك لانها لا تؤين الوسط الذي تمر فيه ولكنها يمكن ان تتفاعل مع انوية ذرات الوسط الذي تمر فيه وتجعلها انوية مشعة. وتعتبر عملية الانشطار النووي هي العملية الاشهر في انتاج النيوترونات. يوضح الشكل رقم (2-3) مقارنة بين الانواع الاربعة المختلفة من الاشعاع في مقدرتها على الاختراق لمواد مختلفة: الطبقة الخارجية من الجلد وشرائح من الالمنيوم والرصاص والاسمنت.

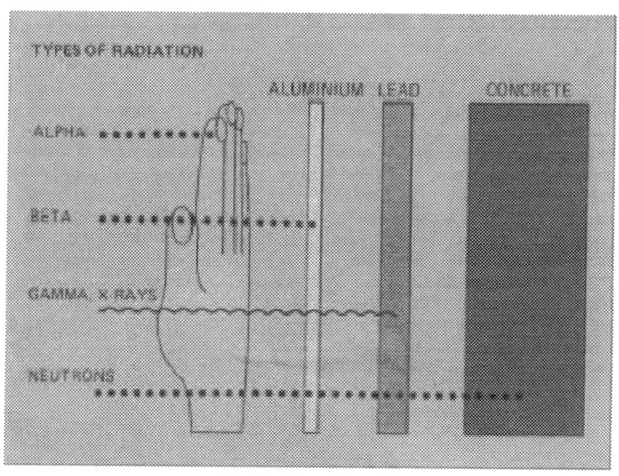

(الشكل رقم 2-3)

ان فهمنا لتفاعل الاشعاع مع المادة يشكل حجر الاساس في ادارة عملنا تجاه الاشعاع، حيث نستطيع الكشف عن الاشعاع وقياس كميته، ونستطيع توفير المواد المناسبة للوقاية من الاشعاع، ونستطيع أيضا اسخدام الاشعاع كوسيلة متطورة في خدمة رفاهيتنا في مجالات الحية المختلفة من صناعة وطب وزراعة وتعليم. فاذا ما اردنا قياس الاشعاع او الكشف عنه فإن عدد الايونات المتكونة عند مرور الاشعاع في مادة معينة يكون مؤشرا على كمية هذا الاشعاع او طاقته، ومن خلال معرفتنا لطبيعة التفاعل نستطيع ان نحدد ما هي المادة المناسبة للحماية من الاشعة او المسافة الآمنة للتعامل مع المادة المشعة او الوقت الذي يجب ان نقضية في التعامل معها. كما ان هذه المعرفة تحدد لنا ما هو نوع الاشعاع المناسب لاستخدامه في تشخيص مرض ما او علاجه، او ان كان هذا الاشعاع يمكن استخدامه لاجراء تجربة ما.

لقد تم التعبير كميا عن اثر التفاعل بين الاشعاع والمادة بطرق مختلفة في ازمان مختلفة، وقد تطور هذا التعبير حسب تطور فهم آلية التفاعل، ففي بداية الامر تم استخدام مصطلح التعرض الاشعاعي لقياس كمية التأين التي يحدثها مرور اشعة جاما او الاشعة السينية في الهواء، واستخدمت وحدة **رونتجن** للدلالة على مقدار

التعرض الاشعاعي؛ ثم استخدمت وحدة جراي للدلالة على كمية الطاقة التي تمتصها المادة (أية مادة) من الاشعاع الساقط عليها او المار خلالها، وسميت الكمية بالجرعة الممتصة، حيث ان 1 جراي يكافئ امتصاص كيلو غرام واحد من المادة طاقة مقدارها جول واحد من طاقة الاشعاع الساقط عليها او المار خلالها. و جول هي وحدة قياس الطاقة وللدلالة على ماهية هذه الوحدة (جول) فاننا نحتاج الى اكثر من 30 جول لحرق 1 سنتيمتر مربع من الورق العادي، ونحتاج الى ما يزيد عن 4000 جول لرفع درجة حرارة 1 كيلوغرام من الماء درجة مئوية واحدة، وان الكيلو واط ساعة من الطاقة الكهربائية (التي ندفع 50 فلسا ثمنا لها) تساوي ثلاثة ملايين وستماية الف جول.

ان الجرعة الممتصة مهمة جدا من الناحية الفيزيائية، غير ان ما يهمنا في مجال الوقاية من الاشعاع هو مقدار ما تسببه هذه الجرعة من دمار حيوي داخل النسيج الحي، وحيث ان الدمار الحيوي الذي يحدثه 1 جراي من الطاقة الممتصة من اشعة جاما اقل كثيرا مما يحدثه 1 جراي من الطاقة الممتصة من اشعة الفا، كان من الضروري استحداث وحدة تشير الى مقدار الدمار الحيوي، وقد سميت هذه الوحدة سيفرت، وهي وحدة مكافئ الجرعة، اي ما يكافئ الجرعة الممتصة من دمار حيوي واصبح مكافئ الجرعة مساويا للجرعة الممتصة مضروبا برقم ثابت لكل نوع من انواع الاشعاع يشير إلى قدرة الاشعاع على احداث الدمار الحيوي في النسيج، وهذا الرقم قيمته 1 لاشعة جاما وجسيمات بيتا، و5 للنيوترونات البطيئة، و 20 للنيوترنات السريعة وجسيمات الفا.

ان كمية الطاقة الممتصة (الجرعات الممتصة) في كافة استخدامات المواد المشعة والاشعاع تكون دائما في حدود متدنية جدا، مما جعل كمية سيفرت تبدو كبيرة جدا كما استخدام كلمة الطن او الكيلوغرام لدى بائعي الذهب، لذلك فقد شاع استخدام ملي سيفرت اي جزء واحد بالالف من السيفرت والمايكروسيفرت

اي جزء واحد بالمليون من السيفرت، واصبح الحد الذي يوصى ان لا يتم تجاوزه هو 20 ملي سيفرت في العام الواحد لمن يعملون في المجال الاشعاعي كأطباء وفنيي الاشعة،و1 ملي سيفرت في العام الواحد لعامة الناس. ورغم ان هذا الحد هو توصية تهدف الى ابقاء المخاطر الوظيفية للعاملين في هذا المجال دون المخاطر الوظيفية في اي مهنة اخرى الا ان العديد من الدول اعتبرته حدا قانونيا صارما لا يجوز تجاوزه، علما ان لا يوجد ادلة علمية على وجود خطر على الانسجة الحية من هذه القيمة او مضاعفاتها، وللمقارنة فإن صورة اشعة تشخيصية للصدر تسبب مكافئ جرعة مقداره 0,1 ملي سيفرت، بينما يتلقى سكان بعض المناطق في الهند والبرازيل وايران ما يقارب 10 ملي سيفرت في العام الواحد نتيجة للمواد المشعة الطبيعية في التربة في المناطق التي يقطنوها، كما يتلقى اي منا مكافئ جرعة يقارب 1 ملي سيفرت نتيجة للمواد المشعة الموجودة في مواد البناء ومثله من غاز الرادون المشع. اما الكمية التي يمكن ملاحظة آثارها على الجسم فهي 5000 ملي سيفرت.

2-2 اثر الإشعاع على الخلايا الحية

أشرنا الى ان الاشعاع يحدث تأيننا في المادة الذي يمر فيها، وان هذا التأيين يؤدي الى الاضرار بتلك المادة، واذا كانت تلك المادة خلية او نسيجا، فان هذا الاضرار يؤدي الى تعطيل وظائف تلك الخلية او ذلك النسيج او ارباك اوتعديل تلك الوظائف وبذلك يؤثر على النظام ككل والذي يظهر كحالة مرضية في الجسم.

يتفاعل الاشعاع مع الخلية الحية بطريقتين الاولى مباشرة والاخرى غير مباشرة. فالتفاعل المباشر يتم بعد امتصاص الذرات المكونة للخلية او للانسجة الحية طاقة الاشعاع فتتأين، مما يؤدي الى تحلل الجزيئات التي تدخل هذه الذرات في تركيبها، ومن هنا يبدأ الخطر الذي يمكن ان يجتاح الخلية الحية. ولتصوير الأمر رقميا فإن جرعة مقدارها 1 جراي، وهذه تكافئ 1000 ملي سيفرت من اشعة

جاما، وهي كمية استثنائية كبيرة، لايمكن الحصول عليها الا في حرب نووية او خلال عملية العلاج الاشعاعي او نتيجة لحادث نووي او اشعاعي خطير جدا، هذه الجرعة ستؤدي الى ان يأخذ كل غرام من النسيج طاقة مقدارها جزء واحد من الف جزء من 1 جول، وهذه الكمية من الطاقة ستؤدي الى تشكيل 200 مليون مليون زوج ايوني في الغرام لواحد من النسيج فإذا علمنا ان عدد ذرات غرام واحد من النسيج هو 80 الف مليون مليون مليون ذرة، فنجد ان عدد الذرات التي تأثرت هو ذرة واحده من كل 400 مليون ذرة.

اما في الطريقة غير المباشرة فإن الاشعاعات لا ينتقل أثرها مباشرة الى الخلية الحية من خلال تأيين ذرات الخلية وانما تأيين جزيئات الماء الذي يشكل المادة الاكثر وفرة في النسيج الحي مما يؤدي الى تكوين عدد من الايونات شديدة التفاعل تسمى الجذور الحرة، تقوم هذه الجذور الحرة بتكوين مركبات سامة، وقد اشارت البحوث التجريبية على الاحياء الدقيقة الى ان اثر هذه الطريقة في الاضرار بالخلية الحية يفوق اثر الطريقة المباشرة عدة اضعاف، حيث تقوم المركبات الكيماوية السامة مثل بيروكسيد الهيدروجين بالحاق الاذى بمكونات الخلية والجزيئات الهامة في انسجة الكائن الحي مثل الكروموسومات.

ان الخلية هي الوحدة البنائية الاساسية في جسم الكائن الحي، وبالتالي فان اثر الاشعاع على جسم الكائن الحي هو نتاج الضرر الذي يصيب الخلايا من الاشعاع، وتتلخص اثار الاشعاع على الخلية من الناحية النظرية اما بموت الخلية، او تأخير انقسامها، او زيادة معدل السرعة في انقسامها او احداث الطفرات الجينية او تكسر الكروموسومات. علما ان الخلايا تختلف في استجابتها للاثر الاشعاعي، فخلايا العضلات والاعصاب تكون مقاومتها عالية للاشعاع وتحتاج الى أكثر من عشرة سيفرت حتى تموت، بينما كريات الدم البيضاء تكون حساسة جدا للاشعاع، مع التذكير هنا بان جرعة بهذا المقدار لا تحصل الا في تفجير نووي او حادث

اشعاعي خطير وفي حالة التفجير النووي فان الشخص المتعرض لهذه الجرعة يموت بسبب الحرارة الناتجة من التفجير قبل ان يقتل من الاشعاع.

لقد اصبح مؤكدا ان تعريض الخلايا لجرعات قليلة من الاشعاع وبشكل مستمر، وهذا هو الحال لدى القاطنين في مناطق تتميز بارتفاع مستوى الاشعاع فيها، يتطلب جرعة اجمالية اكبر لقتل الخلية مما لو اعطيت الجرعة للخلية دفعة واحدة وذلك لمقدرة الخلية على اصلاح الاضرار البسيطة التى تسببها الجرعات الصغيرة. كما ان هناك بعض الاثار التراكمية التي لا يمكن اصلاحها وتراكم مع مرور الزمن. ان الاثار الاشعاعية على انسجة واعضاء جسم الانسان التي يمكن الاحساس بها او ملاحظتها تنقسم الى قسمين، فالاول هو الاثار المبكرة والتي تظهر بعد امتصاص الجرعة لاشعاعية من عدة ساعات الى عدة ايام، اما مايظهر بعد ذلك فهو من الاثار المتأخرة، والتي قد يظهر اثرها بعد ما يزيد على عشرين سنة من اخذ الجرعة الاشعاعية. ومن الجدير بالذكر هنا ان المعلومات الحقيقية في هذا المجال قليلة ولكن المعلومات التي ستذكر هنا هي معلومات بحثية لتجارب اجريت على الحيوانات ثم افترض الباحثون ان اثارا مشابهة يمكن ان تصيب الانسان، وان الكاتب يذكرها للامانة العلمية فقط، مع ضرورة الانتباه الى أن الاضرار المذكورة نتيجة لقيم كبيرة من الجرعات الاشعاعية الممتصة من قبل الجسم.

1- ان الجلد هو اكثر الاعضاء تعرضا للاشعاع، ففي الحوادث النووية او اثناء العلاج الاشعاعي الخارجي يستلم الجلد جرعة اشعاعية كبيرة، ويظهر اثرهاعلى شكل احمرار كما الاحمرار الذي يظهر نتيجة التعرض لأشعة الشمس لفترة طويلة، كما انه قد يتطور الى درجات الحرق الاربعة المعروفة طبيا. ففي الدرجة الاولى، عند جرعة اشعاعية 3,000 ملي سيفرت تقريبا، يمكن ان يظهر احمرار خفيف ويتساقط الشعر عن المنطقة المتعرضة للإشعاع، ولكن هذا الاثر سرعان ما ينتهي ويعود الشعر الى الظهور بعد شهرين تقريبا. في الدرجة الثانية،

وعند جرعة اشعاعية اكبر، يلتهب الجلد و يصبح لونه احمرا، وبعد فترة يشفى الجلد ولكن يبقى لون الجلد اسود داكنا لفترة غير قصيرة. اما في حرق الدرجة الثالثة فيكون الالتهاب اشد اثرا ويشبه الحرق الناتج من انسكاب ماء مغلي على الجلد مسببا بعض التقرحات التي تشفى خلال اسابيع ويبقى أثرها كأثر الحرق العادي. اما حرق الدرجة الرابعة فتكون منطقة الالتهاب سوداء قاتمة. ان العلاج الذي يمكن تقديمه للمصاب لا يتجاوز المضادات الحيوية والادوية التي تساعد على تجنب المضاعفات. وبعد التعرض للاشعاع يكون من غير الممكن تقديم اى مساعدة للتخلص من الاشعاع، فالتفاعل يبدأ بتايين مكونات الخلية وتشكيل المركبات الكيماوية السامة والمضاعفات الحيوية في الخلايا والانسجة ولا يمكن التدخل مطلقا في هذه المراحل جميعا، والعلاج يكون فقط في تخفيف الاثار وتحفيز المناعة ومقاومة المضاعفات التي قد تسببها مكونات البيئة المحيطة كالبكتيريا. في الصور الثلاث ادناه (الشكل رقم 2-4)، تعرض احد العاملين بالاشعاع لجرعة اشعاعية كبيرة جدا، فقد قُدِّرَت الجرعة التي امتصتها اليدين بحوالي 20،000 - 80،000 ملي سيفرت خلال عدة دقائق، وجرعة بعض انحاء اخرى من الجسم اكثر من 4,000 ملي سيفرت خلال نفس الفترة الزمنية. ان اخذ هذه الجرعة كان نتيجة خطأ اثناء العمل، يشبه الى حد كبير ان يدخل عامل ما يده في مطحنة كهربائية، نتيجة الاهمال او سوء التقدير او عدم الانتباه، ومثل هذه الاخطاء تحصل في كل اماكن العمل المهني، غير ان ما يميز الاشعاع ان الضحية لا يمكنه الاحساس انه يتعرض للاذى الا بعد تعرضه بساعات. الصورة الاولى بعد 14 يوما، والثانية بعد 28 يوما، والثالثة بعد 113 يوما من الحادث. اليد اليمنى للمصاب بترت فيما بعد من الرسغ،و شفيت اليد اليسرى للمصاب تماما بعد حوالي 6 اشهر من الحادث، الا انه حصلت بعض المضاعفات فيما بعد ادت الى بتر اصبعين منها. استمر العلاج لمدة عام وثمانية اشهر.

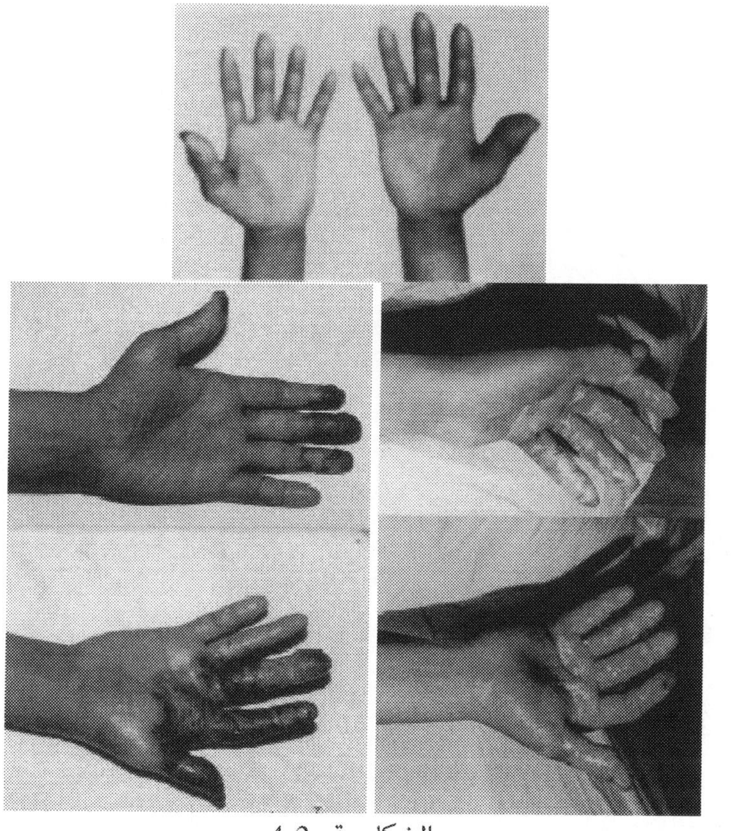

الشكل رقم 2-4

2- ان تعرض الجسم لجرعة اشعاعية كبيرة يؤدي الى نقص مؤقت في عدد كريات الدم، حيث يكون النقص اشد في عدد الخلايا البيضاء عنه في الخلايا الحمراء، وانخفاض عدد الكريات البيضاء يجعل الجسم ضعيف المقاومة للامراض، بينما نقص الكريات الحمراء يسبب نقصا في امدادات الغذاء والاوكسجين لانسجة الجسم المختلفة مما يسبب اصابة الشخص المتعرض للإشعاع بفقر الدم مما يؤدي الى اضعاف الجسم بشكل عام. ويمكن ان تظهر هذه الاعراض عند جرعة اكبر من 2,000 ملي سيفرت.

2- يشعر الشخص المتعرض لجرعة اشعاعية كبيرة، حوالي 10,000 ملي سيفرت، بدوار وتقيئ واعياء شديد ، ويمكن ان تؤدي الجرعة الى تلف الجدار

المبطن للامعاء مما يسبب الاسهال ويؤدي ذلك الى فقدان الجسم للسوائل ويتدهور وزن المريض، مما قد يؤدي الى وفاته.

4- ان جرعة مقدارها 20,000 ملي سيفرت قد تؤدي الى الاضرار بالجهاز العصبي المركزي، حيث يمكن ان تؤدي الى الاغماء الذي قد يؤدي الى الوفاة بسبب ما يعرف بموت الجهاز العصبي المركزي.

ان التأثير الاشعاعي على الخلايا والانسجة الحية وعلى جسم الانسان بشكل عام يعتمد كثيرا على الخلية ذاتها فالخلايا سريعة الانقسام يكون تأثرها اكثر من الخلايا بطيئة الانقسام، ويعتمد على عمر الشخص المتعرض للاشعاع، وبشكل عام، فكلما كان الشخص المتعرض اكثر شبابا وحيوية كلما كان التأثير اقل. وعندما تكون الجرعة لجزء محدد من الجسم فان تأثيرها يكون فقط في ذلك العضو والمناطق القريبة منه والجلد الذي يغطيه وتبقى بقية اجهزة الجسم تقوم بأداء دورها بشكل فعال، مما يساهم في سرعة الشفاء. اما اذا كانت الجرعة لكامل او لاغلب الجسم فإن تأثيرها يكون على كافة الاعضاء مما يسبب قصور الجسم في مواجهة الامراض الداخلية او الاخطار الخارجية. ان الجرعات التي تحدثنا عن أثارها هنا لا يمكن ان يتعرض لها الا شخص يعمل في مكان تستخدم فيه المواد المشعة بشكل واسع كمنشآت العلاج او التشعيع، وان تعرض هؤلاء لجرعات قد تؤدي الى اعراض مرضية يمكن كشفها يكون نتيجة اهمال كبير او اخطاء فادحة، حيث ان اجراءات السلامة الذاتية في مثل هذه المنشآت تعتبر الافضل بين انواع العمل المهني المختلفة. كما يمكن ان تكون هذه الجرعات نتيجة حرب نووية حيث ان الشخص المتعرض لهذه الجرعات يموت من التأثير الحراري الناتج عن التفجير قبل ان تبدأ الاعراض الاشعاعية الحيوية بالتكوُّن في جسمة. اما حوادث مثل انفجار المفاعلات او التسريبات العادية من المفاعلات فلا تصل الى مضاعفات بسيطة من ملي سيفرت. وكذلك الحال في التصوير الاشعاعي او التشخيص الاشعاعي باستخدام المواد المشعة. ومن المفيد التذكير هنا الى ان الجسم يقوم باعادة بناء مستمرة لخلاياه وانسجته سواء في الظروف العادية او عند الاصابة بمرض او ما شابه، فاذا اصيب

اي جزء من الجسم فان اعادة البناء او الترميم في الجسم تتم بشكل فعال وبأسرع ما يمكن، ضمن مقدرة الجسم، سواء أكان هذا المرض بمسبب بيولوجي كالفيروسات والبكتيريا أو بمسبب كيماوي كالسموم والملوثات الكيماوية او ميكانيكي كالجروح أو إشعاعي. ولولا هذه الخاصية التي أعطاها الخالق العظيم لأجسامنا لمات الواحد منا إذا ما شاكته شوكة، أو أقل من ذلك.

3-2 الإشعاع والسرطان

عندما يتفاعل الاشعاع مع المادة غير الحية فان التفاعل قد لا يؤثر بشكل مهم على البنية الكلية للمادة، اما عندما يتفاعل الاشعاع مع جزء حساس ومهم من الخلية الحية فان ذلك قد يؤدي، على المدى البعيد، الى اضرار في النسيج. من حيث المبدأ، ومن الناحية النظرية، فإن اي جرعة اشعاعية، مهما كانت ضئيلة، من الاشعاع المؤين يمكن ان تؤدي الى تغيرات مهمة في جزيئات استراتيجية في الخلية، مما قد يؤثر على الاداء الكلي للخلية. مع التأكيد على ان احتمالية ان تؤدي جرعة صغيرة الى تكوين سرطان هي احتمالية في غاية الضآلة. فالخلايا تتجدد باستمرار، والجزء الذي يتضرر حتى لو كان الضرر كبيرا فان الخلية تقوم باصلاحه، والاشعاع الذي يتفاعل مع هذه الخلية او مجموعة من الخلايا، سيأتي اشعاع آخر لن يتفاعل مع ذات الخلايا وانما، في الغالب، مع غيرها، لذا فإن جرعة اشعاعية كبيرة قد تكون مميته، لن يكون لها نفس التأثير اذا امتصت من قبل الجسم بكميات صغيرة وعلى فترات، كما ان حبة اسبرين واحدة تؤخذ كعلاج بينما جرعة من مئة حبة تؤخذ دفعة واحدة تكون ضربا من الانتحار.

تتكون الخلية من النواة التي تعد مركز السيطرة، وجدار مسامي يحفظ مكونات الخلية، وبينهما السيتوبلازم الذي يوفر المواد اللازمة لحياة الخلية. وتوجد الكروموسومات داخل النواة وتحمل الجينات المسؤولة عن الصفات الوراثية، وتتكون الجينات من جزيئات على شكل سلالم حلزونية طويلة وهي جزيئات DNA. وعند انقسام الخلية تنشطر جزيئة ال DNA طوليا لتكوين خليتين جديدتين طبق الاصل عن الخلية الام. وهذا النوع من الانقسام يسمي الانقسام

المباشر للخلية وفيه تتم عملية النمو. اما النوع الآخر من الانقسام فهو الانقسام الاختزالي، وفيه تنتج الخلايا التناسلية التي تحوي فقط نصف عدد الكروموسومات وعند التقاء الخلية التناسلية مع خلية اخرى مكملة يتكون العدد الكلي الكامل من الكروموسومات في الخلية الجديدة. يتراوح عدد الجينات في كل خلية من 25الف الى 100الف جينة، وحيث ان لدى الانسان 46 كروموسوما فان هذه الكروموسومات تضم حوالى أربعة الاف مليون من درجات جزيئات DNA تترتب باشكال متفاوته بحيث تعطي لكل انسان صفاته الخاصة به من طول او لون عينين او ذكاء...الخ.

عندما يتعرض الجسم للاشعاع يقوم الاشعاع بتأيين ذرات الخلايا، ومع انه من الممكن ان تؤدي جرعة اشعاعية صغيرة الى الاضرار بجزيئات DNA في الخلية، الا ان هذا الضرر البسيط لا يكون ذو تأثير على اداء النسيج او العضو وبالتالي على صحة الجسم. والطريقة الوحيدة لاحداث آثار صحية ضارة تظهر على الجسم هو ان يكون الضرر حصل في جزء مهم وحساس في جزيئات DNA ، وعندها فأن هذا الضرر ينتقل الى الخلايا الجديدة الناتجة من انقسام الخلية التي تحوي الضرر، وبتكرار عملية الانقسام سيتكون مجموعة او عنقود من الخلايا التي تحوي نفس الضرر الاصلي الذي يعتبر في الاساس شذوذا عن السلوك الطبيعي للخلايا السليمة، مع ان هناك العديد من الحواجز يجب تجاوزها قبل حصول الاثر الصحي السلبي الذي يظهر على الجسم . ونشير هنا الى انه وفي علاج مرضى السرطان بالاشعاع حيث يتم تعريض الانسجة التي تكون فيها الورم الى جرعات كبيرة جدا قد تصل الى 80 الف ملي سيفرت للقضاء على الورم، فان بعض الانسجة الطبيعية المجاورة للورم او التي تكون بين الجلد والورم تتعرض لجرعات اشعاعية كبيرة مما يؤدي الى تكسر اجزاء مهمة من الكروموسومات ومع ذلك فان هذه الانسجة نادرا ما يظهر فيها اورام سرطانية او اية اضرار نتيجة للتشعيع ويعود ذلك الى ان الانقطاعات في الكروموسومات سرعان ما تعاود الاتصال ببعضها نتيجة

لعمليـة الترمـيم التـي وهبهـا الخـالق العظـيم لهـذه الكروموسـومات وللخلايـا والانسجة المختلفة.

السرطان مهما كان السبب في انتاجه هو سرطان, والاشعاع لا ينتج نوعا جديدا او مميزا من السرطان، فسرطان الرئة الذي يمكن ان يعـزى الى التـدخين لا يختلـف مـن الناحية الطبية عن سرطان الرئة الذي يمكن ان يعزى لاستنشاق غاز مشع. واذا اكتشـف ورم سرطاني لدى شخص ما، فلا يمكننا بشكل مطلـق تحديـد ان هـذا الـورم تسـبب بـه الاشعاع. لا بل وحتى اذا تعرض هذا الشخص لجرعة اشعاعية مقـدارها عشرـة اضـعاف الحد السنوي للجرعة القصوى للعـاملين في المجـال الاشـعاعي، فـان احتماليـة ان يكـون الورم ناتجا من الاشعاع مقارنة بالمسببات المحتملة الاخرى، هو واحد الى عشرـة. وهـذه المسببات الاخرى هي الاكثر تداولا فالاغذيـة والادويـة والمشرـوبات الغازيـة والكحوليـة والتدخين وملوثـات البيئـة والعطـور وادوات المكيـاج والمـواد الكيماويـة المسـتخدمة في الزراعة ومواد التنظيـف المسـتخدمة في البيـوت وكلهـا ذات اسـتخدام واسـع في حياتنـا وتستجيب لها خلايانا بشكل اسرع واكـثر فاعليـة مـن الاسـتجابة للاشـعاع. لـذا نـرى ان الاشعاع قد يكون مساهما في شركة مساهمة لانتاج السرطان ولكنه على الاطـلاق اصـغر المساهمين واضعفهم. ويجب الاشارة هنا الى انه عند ظهور سرطـان مـن نـوع محـدد في منطقة تعرضت لاشعاع و كان هذا السرطان نادرا قبل وقوع عملية التعـرض الاشـعاعي فاننا يمكـن ان نلقـي باللائمـة عـلى الاشـعاع ونقـول ان الاشـعاع هـو **المسـبب المحتمـل** لحدوث هذا السرطان, كـما حصـل مـع الثلاثمايـة طفـل الـذين اصـيبوا بسرطـان الغـدة الدرقية في منطقة تشرنوبل بعـد وقـوع الحـادث بقليـل، مـع الاشـارة هنـا الى ان هـذه الحالات ظهـرت عـلى الاطفـال الـذين كانـت اعمارهـم دون السـتة اشـهر قبـل حصـول الحادث، حيث تكون الغدة الدرقية اكثر حساسية للاشعاع اما من كانت اعمارهـم فـوق الستة اشهر فلم يصابوا باي اذى، كـما ان نسـبة حصـول انـواع السرطـان المختلفـة قبـل وبعد الحادث بقيت كما هي للسكان لمجاورين لمفاعل تشرنوبل.

ان معظم الانسجة والاعضاء في الجسم يمكن ان تصاب بالسرطان، غير ان هناك اعضاء اكثر حساسية من غيرها فتكون اكثر عرضة للاصابة بالسرطان، ويعرف السرطان بانه شكل او حالة من الاضطراب في السيطرة على انقسام الخلية بحيث يكون معدل تكاثر الخلايا وانقسامها اكبر من الوضع الطبيعي للنسيج ويكون هذا الانقسام غير مسيطر عليه من قبل الجسم. ويعتقد العلماء ان السرطان ينتج من حدوث تغير على نواة الخلية وتحديدا في طبيعة الكروموسومات او بعض صفاتها، ويؤدي ذلك الى انقسامات شاذة في الخلية، او الى موتها ومن المحتمل في الحالتين ان يتخلص الجسم منها او ان تستمر بالانقسام السريع، ويكون دور الاشعاع اساسا ومن الناحية النظرية في احداث هذا التغير في النواة. ولكن هل يستطيع اي مختص التحقق من ان الاشعاع هو الذي سبب السرطان؟ والجواب طبعا بالنفي، فظهور الاثر المرضي وهو الورم وما يترتب عليه من خلل في اداء عضو معين او ظهور العلة، او حتى امكانية الكشف المبكر عن الورم لا تتم الا اذا بلغ حجم الورم بضعة غرامات من النسيج، فاذا علمنا ان غراما واحدا من النسيج يحوي عشرات ملايين الخلايا، وهذه تحتاج الى فترة طويلة حتى تتكون من الانقسامات المتتالية، اي ان عملية الكشف عن الورم اتت متأخرة جدا وبعد ان انقسمت الخلية الام ملايين الانقسامات. هذا اذا اضفنا الى ذلك طول فترة الحضانة التي يحتاجها السرطان حتى يظهر في نسيج معين، مما يجعل تحققنا من ان الورم كان الاشعاع سببا له عملا غاية في الصعوبة. ونتيجة لذلك جاءت الدراسات الاحصائية لتربط الاصابة بالسرطان بمسبب معين او عادة ما، وان كان ذلك يضفي الكثير من الشك على نتائج الدراسات والبحوث التي تلجا للاحصاء بدلا من معرفة الاسباب الحقيقية للاصابة. ومن الامثلة على ذلك اصابة عمال مناجم اليورانيوم بسرطان الرئة والتي تعزى الى وجود تراكيز معينة من غاز الرادون، وتم اهمال عوامل اخرى مثل نقص الاكسجين والرطوبة والغبار وهي عوامل موجودة في غير مناجم اليورانيوم ويصاب العاملون فيها بسرطان الرئة.

ان الواقع والمشاهدة العيانية قد تكون خير برهان على دور الاشعاع في

احداث السرطان وذلك من خلال احداث معروفة حصل فيها تعرض للاشعاع بشكل كبير. ففي حادث تشرنوبل، وحسب تقرير الوكالة الدولية للطاقة الذرية عن الحادث بعد مرور عشرة سنوات على وقوعة، لم يظهر اي اثر خطير على السكان او الانظمة البيئية التى توبعت متابعة حثيثة خلال العشر سنوات المنقضية بين الحادث ووقت صدور التقرير، لا بل ان الخطر كان منخفضا جدا للاشعاع الناتج من المناطق الملوثة بالمواد المشعة

ولفهم الية حصول السرطان في نسيج معين داخل الجسم يمكننا تتبع المخطط التالي لنجد ان احتمالية الاصابة ضئيلة جدا:

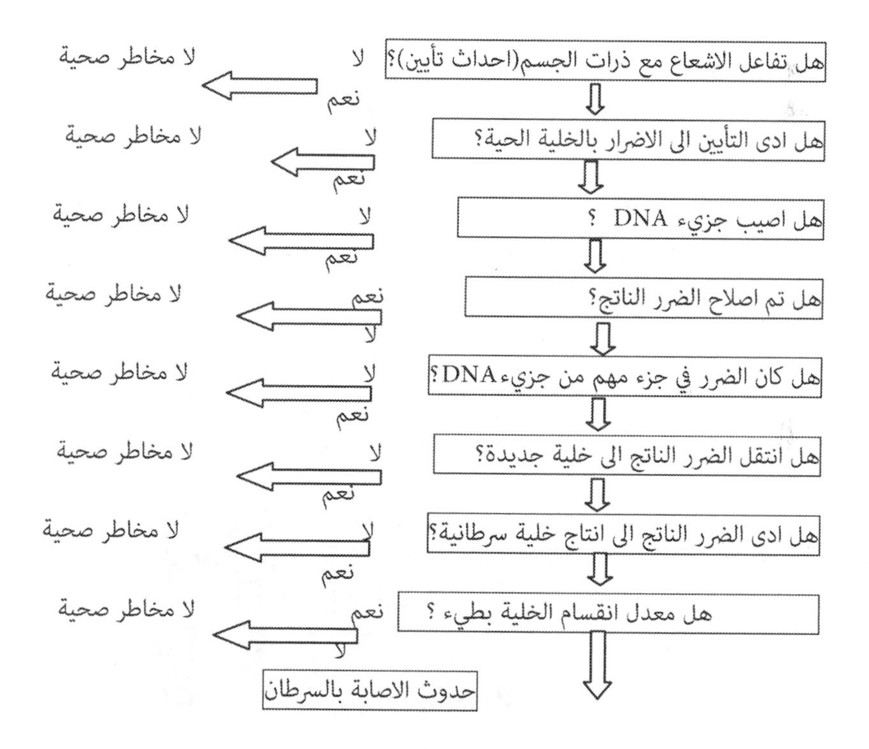

4-2 الآثار الوراثية للإشعاع

ان ما يقال عن الأثر الإشعاعي للسرطان يمكن أن يقال عن الآثار الوراثية للاشعاع. فانتقال الأثر (السيئ) للإشعاع من خلية إلى الخلايا الجديدة عبر الانقسام قد يكون في خلية تناسلية مما يسبب ما يعرف بأنه اثر وراثي للإشعاع. فمن الناحية النظرية، يؤدي الاشعاع إلى تأين الذرات المكونة لجزيئات DNA التي تحوي الشيفرة الجينية في الخلايا الجنسية مما قد يؤدي الى احداث تغيرات او انتاج طفرات. ففي ظروف معينة يمكن حصول سلسلة من الاحداث السلبية قد تؤدي نظريا الى حصول طفرات في الاجيال اللاحقة للانسان المتعرض. مثلا، تعرض جسم الانسان وتحديدا اماكن انتاج الحيوانات المنوية للاشعاع، حصول ضرر في الحيوانات المنوية او البويضات ، وان يكون هذا الضرر كبيرا، ومن ثم ان تتم عملية التقاء حيوان منوي وبويضة احدهما او كلاهما متضرر، ونحن نعرف العدد الهائل من الحيوانات المنوية، وان واحدا منها فقط يقوم بالاندماج بالبويضة لانتاج الزيجوت (الشكل رقم 2-5) الذي سيصبح انسان المستقبل الذي ستظهر عليه ما احتوته الكروموسومات من صفات. اي اننا هنا نتحدث عن احتمال واحد الى مليون مليون .... الى ما لا نهاية، اي احتمال غاية في الصغر.

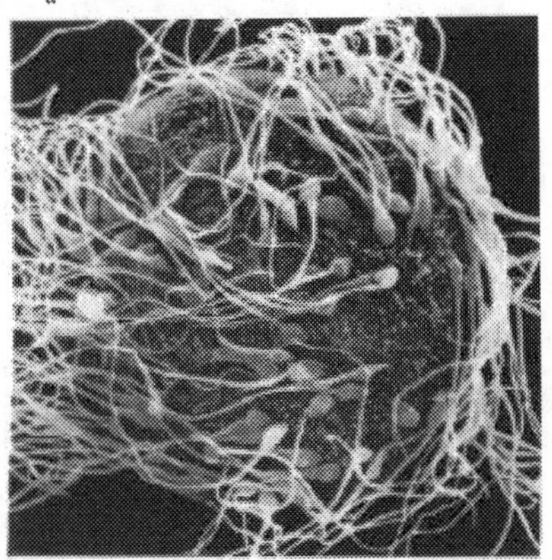

شكل رقم 2-5: عدد كبير جدا من الحيوانات المنوية تحيط بالبويضة، ولكن واحد منها فقط يستطيع دخول البويضة لتلقيحها وتكوين الزايجوت الذي يشكل الاساس للمخلوق الجديد.

لقد تم الاشارة سابقا الى ان خلايا جسم الانسان تحوي عناصر مسؤولة عن نقل الصفات الوراثية، من جيل الى الجيل الذي يليه، تسمى الجينات التي يتراوح عددها مابين 25 الفا الى 100 الف جينة في الخلية الواحدة، وتتجمع هذه الجينات على شكل مجمعات منظمة تسمى الكروموسومات. ويبلغ عددها في جسم الانسان 46 كروموسوما تترتب في نواة الخلية بشكل مزدوج(شكل رقم 2-6). وتحصل الطفرة الوراثية عندما يقوم الاشعاع بتأيين تجمع من ذرات جزئيات DNA بحيث يؤدي الى تلف قد يصيب احد الجينات التي تحمل صفة وراثية معينة بحيث لا تنتقل هذه الصفة الى الجيل التالي، او يؤدي الى تغيير في الصفة، وقد يكون هذا التغيير ايجابيا او سلبيا، فتنتقل الصفة الجديدة الى الجيل التالي.

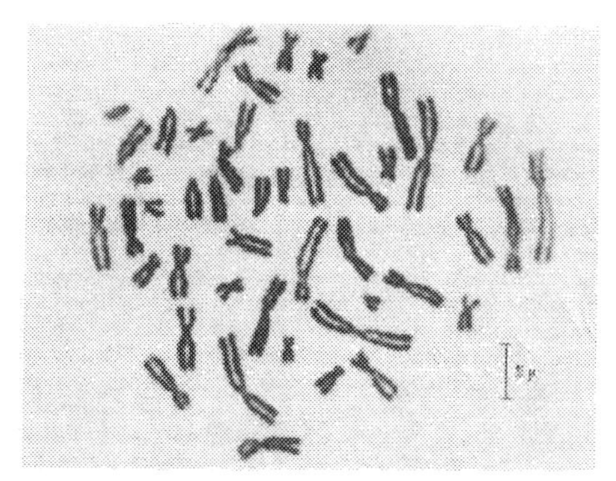

شكل رقم 2-6: المادة الجينية في الانسان،46 كروموسوم من خلية جسدية

يحدث التكاثر عندما تتخصب البويضة بواسطة الحيوان المنوي فيستلم الكائن الجديد المتكون مجموعة كاملة من المادة الجينية للوالدين (شكل رقم 2-7). والجينات اما ان تكون سائدة او متنحية، والسائدة هي التي تحدد الصفات الخاصة بالكائن الجديد، اما اذا التقى جينان متنحيان، اتيان من كلا الوالدين، لنفس الصفة وهذا عادة يحدث مصادفة فتنتج صفة غير مرغوب فيها ومنها ما يكون امراضا وراثية وقد تكون امراضا خطيرة.

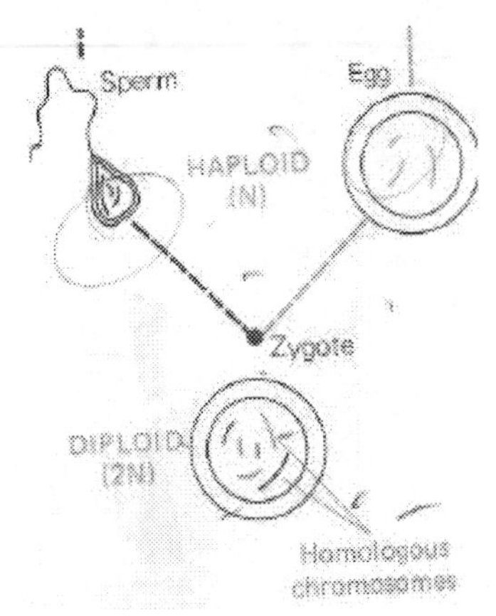

شكل رقم 2-7: التقاء الحيوان المنوي والبويضة لتشكيل الزيجوت ويلاحظ المادة الجينية في وسط كل خلية.

ان الاشعاع يمكنه انتاج طفرات جينية، ولكن هذه الطفرات لا يمكن تمييزها عن الطفرات الناتجة طبيعيا او الطفرات المنتجة بسبب المواد الكيماوية او الحرارة. كما ان اعتبار ان جميع الطفرات ضارة غير صحيح من الناحية العلمية فالعديد من التجارب تجرى على النباتات والحيوانات لتحسين انتاجها او تكثيرة او تطويره للحصول صفة مرغوبة او التخلص من صفة غير مرغوب فيها(شكل رقم 2-8).

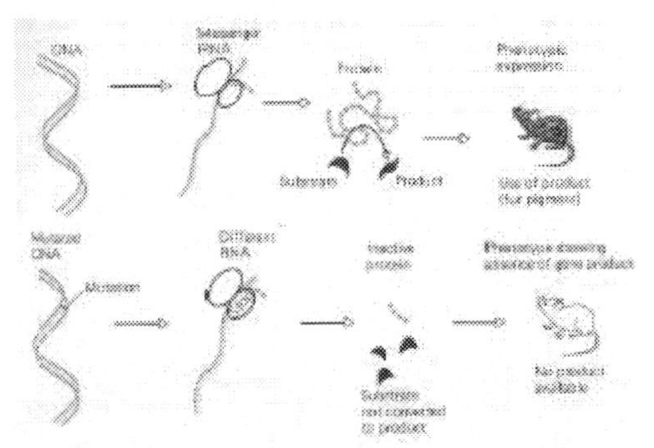

شكل رقم 2-8: استحداث طفرة في الفأر: جزيء DNA في الجزء الاعلى في اقصى يسار الصورة طبيعي، اما جزيء DNA الذي يقع تحته مباشرة فقد تم فيه الاضرار بالجين المتعلق بانتاج الفرو مما ادى الى انتاج فأر بدون فرو في الاسفل.

ورغم ما هو شائع أن الاشعاع يسبب انتقال إعاقات ومشاكل وراثية عديدة، وما يعتقد بشكل جازم لدى اغلب الناس أن أبناء واحفاد الناجين من التفجيرات النووية في هيروشيما وناجازاكي كانت لديهم مشاكل وراثية، إلا أن هذا لم يثبت علميا ولا في واقع الحال، فالى وقتنا الحاضر، فان الناجين من هذه التفجيرات لديهم ما يزيد عن 80 الف ابن، وعشرات الالاف من الاحفاد وابناء الاحفاد، وقد كان هؤلاء الابناء والاحفاد محط اهتمام العلماء والباحثين من كافة انحاء العالم، ولم تستطع الابحاث الكشف عن أية زيادة في الاثار الوراثية بحيث تسمح بتحديد معامل خطر وراثي محدد متعلق بالاشعاع. ولكن واشير هنا الى ان العديد من الدراسات تجرى على الحيوانات والنباتات وذلك بتعريضها لجرعات كبيرة جدا من الاشعاع، بهدف احداث طفرات وراثية تحسن من هذه النباتات والحيوانات ، وذلك بانتاج انواع جديدة منها تكون اكثر مقاومة للامراض او ذات انتاجية اعلى. كما اجريت دراسات على الفئران بينت ان الآثار الوراثية للاشعاع اقل كثيرا مما كان يعتقد.

وفي حادثة تشرنوبل، تم دراسة الاثار المترتبة من الحادثة على السكان المقيمين حول تشرنوبل من الناحية الوراثية، حيث تبين انه وبعد عشرة سنوات من الحادث (أي عام 1996) لم يثبت حصول ما يشير الى حدوث أي خلل وراثي بين ملايين الاشخاص المقيمين في المنطقة المحيطة بالمفاعل بحسب تقارير منظمة الصحة العالمية ووكالة الطاقة الذرية الدولية رغم كمية المواد المشعة والجرعات الاشعاعية التي تلقوها. واجريت ايضا العديد من الدراسات على الحيوانات وعملت مقارنات بين الحيونات في منطقة تشرنوبل قبل وبعد الحادث حيث لم يتبين أي تباين او اختلاف بينهما سواء كاصابات في الحيوانات نفسها او عيوبا في المواليد. والحال نفسه في المناطق التي تم فيها اجراء تجارب التفجيرات النووية ابان عهد التفجيرات فوق سطح الارض في الولايات المتحدة وجزر مارشال وغيرها، حيث لم يظهر على السكان اي نوع من الطفرات الوراثية او المشاكل الصحية المتعلقة بها.

الفصل الثالث

استخدامات الاشعاع والمواد المشعة

استخدامات الاشعاع والمواد المشعة

عندما تخترق الاشعة المؤينة المادة يحصل العديد من العمليات الفيزيائية والفيزيائية الكيميائية والكيميائية في المادة، مما يؤدي الى احداث تغييرات في مكونات المادة وخاصة الخلايا الحية والانسجة والاعضاء في الانسان أوالحيوان أوالنبات. ان اثر الاشعاع على المادة وخصوصا الحية منها موضوع واسع وغير واضح المعالم حتى بالنسبة للمختصين في هذا المجال وما يزال خاضعا للبحث والتجريب المكثفين.

تصنع المواد المشعة باشكال فيزيائية مختلفة فقد تكون صلبة او سائلة او غازية، حيث تحفظ المادة المشعة بعد انتاجها داخل كبسولة متينة تتصدى لظروف النقل والتخزين والبيئة المحيطة بها، وتسمى المادة هنا مصدرا مشعا مغلقا اي اننا لا نتداول المادة بحد ذاتها بل نستخدم الاشعاع الذي ينفذ من الكبسولة في اغراض حياتية مختلفة تماما كما نستخدم الاشعة الصادرة من جهاز الاشعة السينية في التصوير الاشعاعي في المستشفيات. واذا ما تسربت المادة المشعة نفسها من الكبسولة تكون غير صالحة للاستخدام وتصنف ضمن الفضلات او النفايات المشعة.

وفي العديد من الاستخدامات يلزم ان تكون المادة المشعة قابلة للتداول وذلك بان تكون المادة المشعة على شكل غاز او سائل او مسحوق وتوضع في وعاء قابل للفتح كزجاجة الدواء وتستخرج من الوعاء الحاوي وقت الحاجة لتعطى لمريض عن طريق الفم او الوريد او لتضاف الى مادة اخرى في المختبر فتدعى المادة المشعة حينها مصدرا مشعا مفتوحا. واي مريض تعرض لمشاكل في الغدة الدرقية او الهرمونات لا شك انه تعامل مع مثل هذه المواد. وفي هذه الحالة فان المادة المشعة تمتص من قبل خلايا وانسجة الجسم حسب شكلها الكيماوي فاليود المشع مثلا تأخذه الغدة الدرقية واثناء وجوده داخلها يقوم بتشعيع الخلايا والانسجة التي لا تميز اساسا بين اليود المشع وغير المشع فما يهمها هو شكله الكيماوي.

1-3 استخدامات الاشعاع

يستخدم الاشعاع في العديد من المجالات الصناعية والطبية والزراعية والبحثية نوردها فيما يلي:

1- **التصوير الاشعاعي الطبي:** يعتبر التصوير الاشعاعي من اقدم واشهر استخدامات الاشعاع، وتهدف عملية التصوير الاشعاعي الى دراسة الوضع الداخلي لاعضاء وانسجة الجسم دون الحاجة الى الفحص الجراحي او عن طريق التنظير وتعتبر من اسهل طرق الفحص لا بل من اسرعها واكثرها انتشارا. وكما هو معروف فان الاشعة السينية المنتجة من جهاز كهربائي خاص لهذه الغاية تخترق في اغلبها نسيج الجسم لتسقط على فيلم خاص يقع في الجهة المقابلة، ويتفاوت اختراق الاشعة المارة للنسيج حسب كثافة النسيج. فالانسجة الطرية تخترقها الاشعة بشكل كبير اما العظام فلا تخترقها الاشعة بنفس المقدار فتظهر ظلالها على الفيلم. ان الجرعة الاشعاعية التي يتلقاها المريض في صورة الصدر تكون في المتوسط بحدود واحد بالعشرة من الملي سيفرت، بينما تصل في الفحوصات الاشعاعية الكبرى الى 5 ملي سيفرت، أما الجرعة التي يتلقاها فني الاشعة او الطبيب الذي يقوم بالفحص فتكون جرعة منخفضة جدا لدرجة يمكن اهمالها، ونادرا ما تسجل جرعات بحدود الملي سيفرت الواحد لأي من هؤلاء.

2- **العلاج بالاشعة:** استخدم الاشعاع في علاج الاورام وذلك بعد توفر معرفة علمية كافية عن الدور الذي يمكن ان يلعبه الاشعاع في تدمير الخلية الحية، وحيث ان الخلايا السرطانية ذات حساسية كبيرة جدا للاشعاع فانه يتم تعريض العضو المصاب بالسرطان لجرعة اشعاعية عالية جدا تتراوح بين 10 الى 80 الف ملي سيفرت، تجزأ بحيث تعطى على جرعات يومية بمعدل 2000 ملي سيفرت ولثلاثة او اربعة ايام اسبوعيا. والمصدر الاشعاعي المستخدم للعلاج اما جهاز اشعة سينية يعطي طاقة عالية او نظير الكوبالت المشع (شكل رقم 3-1). والسؤال الذي

يتبادر الآن انه كيف نعالج مريض السرطان بالاشعاع ونحن نقول ان الاشعاع يسبب السرطان؟ وما الذي سيحصل للانسجة السليمة القريبة من الورم والتي يمكن ان تتعرض لمثل هذه الجرعة الاشعاعية الهائلة؟ وكذلك الحال للجلد الذي ستنفذ منه هذه الاشعة للوصول الى الورم اذا كان داخليا؟. ان هذه الاسئلة مبررة ومنطقية ويمكن الاجابة عليها باننا نغلب المنفعة التي هي علاج المريض على الخطر الذي يمكن ان يأتي متأخرا، والذي هو في الغالب منخفض جدا، أو قد لا يأتي مطلقاً. اما الانسجة السليمة القريبة من مكان الورم وانسجة الجلد فانها رغم تضررها من الجرعة الاشعاعية فان المصادر العلمية تشير الى ان الخلل الذي يصيب الخلايا سرعان ما يتم اصلاحه ضمن آلية اعاد البناء التي جعلها الخالق العظيم، سبحانه، داخل اجسامنا، وان هذا الاصلاح في الكروموسومات مثلا يحصل بعد عدة ساعات من الجرعة الاشعاعية. وهنا اذكر القارئ العزيز بما ورد سابقا عن المبالغة والتهويل في المخاطر الاشعاعية.

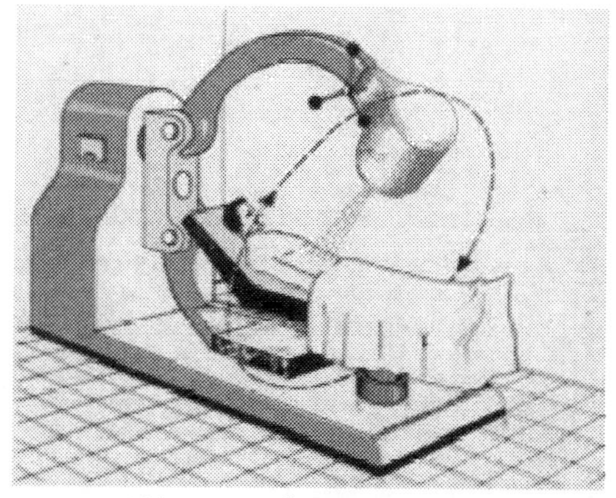

شكل رقم 3-1: العلاج باستخدام الاشعة، المصدر المشع موجود فوق المريض ويمكنه الدوران حول المريض لتشعيع اكثر فعالية

3- حفظ المواد الغذائية: تنتج الكثير من الدول مواد غذائية تفوق استهلاكها اليومي مما يستدعي تخزينها لاستعمالها في وقت اخر او تصديرها الى دول اخرى.

يعتبر حفظ المواد الغذائية التي تتغير حالتها اثناء التخزين والنقل معضلة حقيقية لكثير من الدول، خاصة اذا كانت طرق التخزين المعروفة كالتعليب والتبريد مكلفة او غير متاحة، وهنا يأتي دور الاشعاع كوسيلة ممتازة للتخزين. تتم عملية التشعيع بوضع المادة الغذائية او المنتج الغذائي باوعية عادية كاواني او اكياس من البوليستر ثم تمرر من امام مادة مشعة ذات نشاط اشعاعي عال (مئات الاف الكيوري)، ولعدة ساعات، بطريقة تشبه الى حد ما التصوير الاشعاعي ولكن يكون المنتج متحركا. وفي هذه الحالة فان الجرعة الاشعاعية التي يتلقاها المنتج قد تصل الى عشرات الالاف من الملي سيفرت، وجرعة بهذا القدر كفيلة بقتل الخلايا النامية التي تسبب التبرعم في البطاطا او انتاج الجذور في البصل اذا كان احدهما هو المنتج المراد حفظه. كما ان هذه الجرعة تسبب قتل اي ملوثات حية من بكتيريا وحشرات تكون ضمن الشحنة مما يساعد على حفظها لفترة اطول.

وبما ان الاشعاع يقوم بالتفاعل مع الماء والمكونات الحية داخل المواد المراد حفظها، فانه لا شك سيؤدي الى تكوين مواد كيماوية داخل هذه المواد قد تسبب تغيرا طفيفا في طعمها او فائدتها او قد تؤدي الى جعلها غير مأمونة من حيث انها قد تؤدي الى تشكيل مركبات غير موجودة طبيعيا يمكن ان تؤدي الى اخطار صحية مستقبلية. هذا مع الاشارة الى ان المواد المحفوظة بالاشعاع لا تصبح مشعة مثلها مثل المريض الذي يتم تصويره او علاجه اشعاعيا فهو يتلقى الاشعة التي تتفاعل مع ذراته وخلاياه ولا ينتج الاشعة.

ان حفظ الاغذية بالاشعاع، ورغم ما يعول عليه من اهمية من الناحية الاقتصادية في توفيرالغذاء لملايين البشر، لا يزال يستخدم على نطاق ضيق من الناحية التطبيقية نتيجة لمخاوف الناس من المخاطر الاشعاعية. ان الطاقة اللازمة

لتجميد طن واحد من المواد الغذائية بحدود 90 كيلوواط ساعة، ولتعقيمه بالحرارة 300 كيلوواط ساعة، ولتجفيفه 700 كيلوواط ساعة، ولبسترته 230 كيلوواط ساعة، بينما يلزم ثمانية اعشار كيلوواط ساعة للبسترة المصاحبة للتشعيع و6 كيلوواط ساعة للتعقيم الاشعاعي. اي ان حفظ الاغذية بالتشعيع يوفر 70-97% من مدخلات الطاقة، بالاضافة الى ان المواد الغذائية المشععة لا تحتاج الى عبوات غالية الثمن.

4- القضاء على الكائنات المسببة للامراض: اثبتت الدراسات ان اشعة جاما فعالة جدا عند الجرعات العالية جدا (مئات الالاف من الملي سيفرت) في القضاء على الكائنات التي تسبب الامراض كالفيروسات والبكتيريا والطفيليات، لذا تم استخدامها في تعقيم الكثير من المستلزمات الطبية التي تستخدم في العملات الجراحية، خاصة مع المواد التي يصعب تعقيمها بالطرق التقليدية كالحرارة والمواد الكيماوية. تتم عملية التشعيع بتعريض المواد الى جرعات اشعاعية عالية جدا، وذلك بتمريرها امام مصدر مشع ذو فعالية اشعاعية مرتفعة جدا.

ومن التطبيقات الاخرى للاشعاع استخدام الاشعاع في تصوير القطع المعدنية كتصوير قطع الطائرات للتحقق من سلامتها وتصوير انابيب النفط والغاز والمياه بعد لحمها وذلك للتحقق من جودة عملية اللحام. وتتم عملية التصوير بالاشعة السينية او اشعة جاما بطريقة تشبه تماما عملية التصوير الطبي الشكل رقم (3-2).

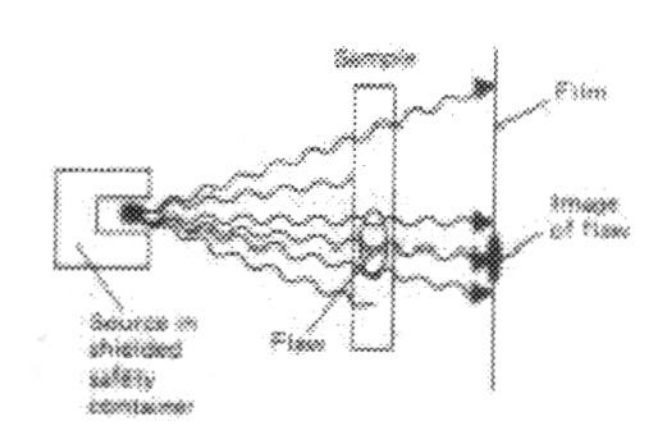

الشكل رقم (3-2): التصوير الاشعاعي لقطعة معدنية

ويستعمل الاشعاع ايضا في الكثير من الصناعات التي لا يمكن التدخل البشري فيها لاسباب تتعلق بالسلامة وذلك في ظروف الحرارة العالية او استخدام المواد الكيماوية او تحتاج لدقة عالية جدا وازمان قياس قليلة، حيث يستخدم لقياس اوزان او كثافة او سماكة المنتجات او امتلاء العبوات المعدنية كعبوات المشروبات الغازية، وذلك بوضع مصدر مشع في جهة معينة ووضع جهاز قياس في الجهة المقابلة من جهاز الانتاج كما هو موضح بالشكل رقم (3-3).

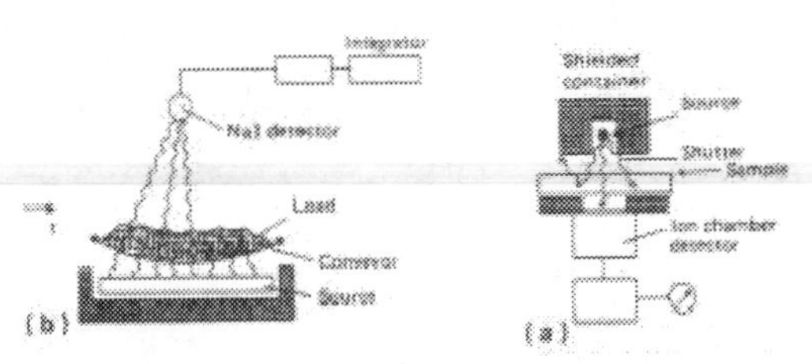

الشكل رقم (3-3): الاشعاع أداة للوزن ولقياس السمك

كما يستخدم الاشعاع في السيطرة على تكاثر الحشرات الضارة وذلك من خلال تشعيع ذكور الحشرات لجرعات اشعاعية مرتفعة جدا لتصبح عقيمة ثم نشرها باعداد كبيرة فتنافس الذكور الطبيعية مما يؤدي الى عدم انتاج اجيال جديدة من الحشرات. ويستخدم الاشعاع في احداث طفرات وراثية في بعض المحاصيل وذلك بتشعيع البذور وزراعتها بهدف الحصول على مواصفات مرغوبة مثل كمية منتج اكبر او نوعية مادة غذائية افضل، وهذا التحسين الذي يطرأ على انتاج الغذية بواسطة الطفرات الوراثية مهم من كونه يؤدي الى المساهمة في زيادة كمية المواد الغذائية المتاحة للجنس البشري. كما يستخدم الاشعاع في تحسين صفات بعض انواع الالياف كزيادة العازلية الكهربائية، وفي صناعة بعض المواد الكيماوية حيث يستخدم الاشعاع كعامل مساعد في التفاعل الكيماوي. وتتراوح الفعالية الاشعاعية المستخدمة في التطبيقات آنفة الذكر من بضعة ملي كيوري في تقنيات القياس الى مئات الآلاف من الكيوري في تقنيات التشعيع المختلفة، حيث الكيوري الواحد يساوي 37 ألف مليون وحدة من وحدات قياس الفعالية الإشعاعية (البيكريل).

2-3 استخدامات المواد المشعة

يمكن استخدام ميزة النشاط الإشعاعي لنظير مشع معين لغرض طبي او صناعي او بحثي او زراعي حيث يتصرف النظير المشع كيميائيا بنفس الطريقة التي يتصرف بها النظير غير المشع، فاليود المشع واليود غير المشع يمتصان من قبل جسم الانسان بطريقة متشابهة تماما فلا تستطيع خلايا وانسجة الجسم التمييز بينهما، وعندما تتركز المادة الكيماوية بجزيئيها المشع وغير المشع يتم الاستفادة من ميزة الاشعاع وذلك في العديد من الاغراض التطبيقية التي سيتم عرضها فيما يلي:

1-تشخيص وعلاج الامراض: ان سهولة كشف الاشعاع جعلت النظائر المشعة شائعة الاستخدام في فحص العديد من العمليات الحيوية الاساسية في جسم النسان خاصة تلك التي يصعب فحصها بطريقة تقليدية. ويتم اجراء الفحص بادخال المادة المشعة للجسم كحبوب او سوائل عن طريق الفم او يحقن المريض بها بإبرة، فيتم امتصاصها ثم توزيعها في الجسم عن طريق الدم لتنتهي في عضو او نسيج معين وذلك حسب المادة المشعة. بعد فترة زمنية معينة دقائق او ساعات يتم قياس تركيز الاشعاع في العضو ومنه يمكن استنتاج الحالة الصحية للعضو(شكل رقم 3-4).

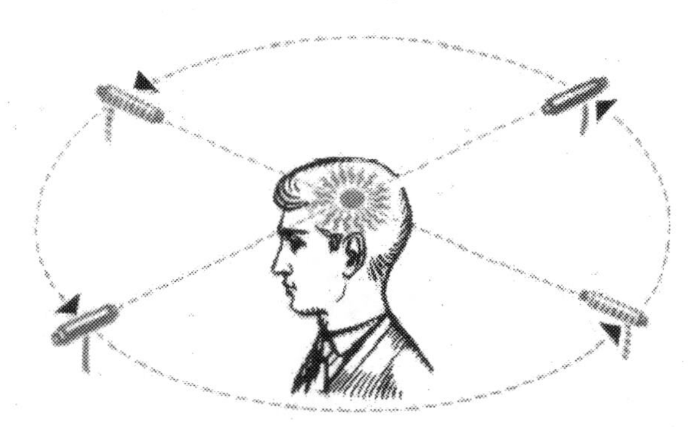

الشكل رقم (3-4): يستخدم الزرنيخ (النظير المشع-74) لتحديد موقع اورام الدماغ، اذ يتركز في الورم اكثر مما يتواجد في الانسجة السليمة. تستخدم اجهزة قياس الاشعاع للكشف عن المنطقة التي يكون فيها تواجد المادة المشعة كبيرا.

تشمل عمليات التشخيص باستخدام النظائر المشعة تشخيص امراض الغدة الدرقية والدم والعظام والهرمونات...الخ. ويكون التشخيص احيانا بأخذ عينة خارج الجسم واضافة مادة مشعة اليها وتحليلها. ان كمية المادة المشعة المستخدمة في التشخيص نكون ضئيلة جدا اذ تتراوح بين عدة الاف الى عدة ملايين من الوحدات الاشعاعية (بيكريل)، وتكون المواد في اغلبها ذات عمر نصف قصير جدا يتراوح بين عدة ثوان الى عدة ايام. في بعض الحالات يمكن الاستفادة من خاصية امتصاص المواد المشعة من قبل عضو معين في علاج مرض يصيب ذلك العضو، مثل علاج الغدة الدرقية حيث يستخدم نظير اليود المشع(131) في علاجها وذلك بمضاعفة الجرعة الاشعاعية المستخدمة في التشخيص حوالى 100 الى 1000 مرة حسب طبيعة وظروف المرض(شكل رقم 3-5) وتكون الجرعة الاشعاعية التي يتلقاها المريض بحدود 1000ملي سيفرت للجسم كله و100 الف ملي سيفرت للغدة الدرقية ذاتها. واود هنا تذكير القارئ الكريم بالارقام الضئيلة جدا التي يتعرض لها الناس من المفاعلات على صعيد المواد المشعة او الجرعات الاشعاعية حتى في حال حادث كحادث تشرنوبل لنعرف المبالغة والتخويف الهائلين التي يتعرض لها الناس من الطاقة النووية.

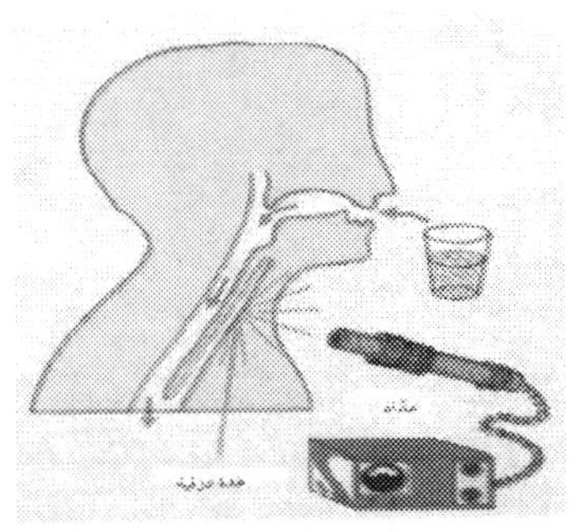

الشكل رقم (3-5): يستخدم نظير اليود المشع (131) في تشخيص حالة الغدة الدرقية. في حال الحاجة للعلاج فانه يتم اعطاء المريض جرعة اكبر من المادة المشعة، حوالى 1000 ضعف الجرعة المستخدمة في التشخيص.

2-الزراعـة: ان زيـادة عـدد السـكان في اغلـب دول العـالم جعـل الحاجـة ملحـة لتطوير الابحاث الخاصة بزيادة الانتـاج وتحسـين جودتـه مـما ادى الى اسـتخدام بعـض الوسائل التي كان لها اثار جانبية كالهرمونات والمبيدات والمضادات الحيويـة والاسـمدة. وقد كان للاشعاع دور مهم في دراسة العمليات الحيويـة في النباتـات بهـدف فهـم هـذه العمليات بشكل افضل للتمكن من تطويرهـا وتحسـين المنـتج، وفي ذات الوقـت دراسـة الوسائل التقليدية الاخرى التي ادت الى تحسـين الانتـاج بهـدف تقليـل اثارهـا السـلبية. فقد استخدم الفوسفور والبوتاسيوم والنيتروجين المشعة باضافتها الى مواد الاسمدة التى تحوي المواد المذكورة غير مشعة، ومن خلال قياس وكشف حركـة المـواد المشـعة داخـل النبات تمكن المختصون من تحديد كميات الاسمدة الافضل والانـواع الاكـثر ملائمـة لكـل صنف من النبات(شكل رقم 3-6).

كما تم دراسة افضل الوسائل لاضافة المبيدات والانواع التي تدوم في البيئـة لفـترة زمنية اقل وذلك باستخدام مواد مشـعة معينـة. ومـن اكـثر النتـائج شـهرة دراسـة اكـثر العمليـات اهميـة في النبـات الا وهـي عمليـة التمثيـل الضـوئي باسـتخدام الكربـون والاكسجين المشعين، وقد تبين ان الاكسجين الذي ينتجه النبات مصدره الماء ولـيس ثـاني اكسيد الكربون، وان سكر الفواكـه يتكـون بكميـات يمكـن قياسـها بعـد الاضاءة بعـدة ثوان(شكل رقم 3-7). ان كمية المادة المشعة المستخدمة في الاغراض المذكورة هنا قليلـة جدا لا تتجاوز ملايين الوحدات الاشعاعية يستخدم فيها نظـائر ذات عمـر نصـف قصـير على الاغلب.

شكل رقم 3-6: نبتة تم دراستها باستخدام الفوسفور المشع، ويلاحظ تجمع الفوسفور المشع على شكل نقاط على الاوراق.

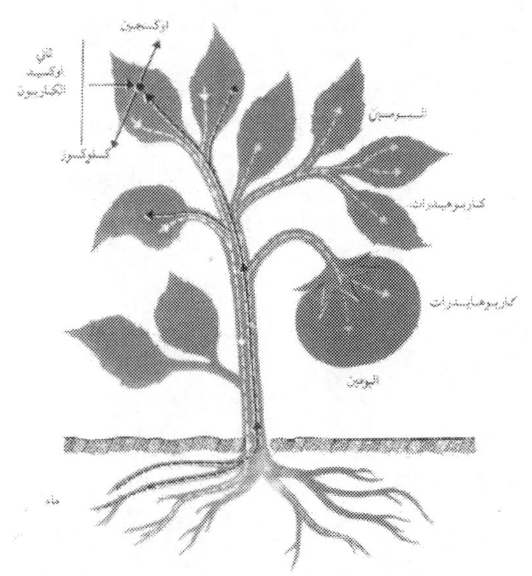

شكل رقم 3-7: دراسة عملية التمثيل الضوئي باستخدام الكربون والاكسجين المشعين.

3- **تقنية اقتفاء الاثر:** ويقصد بها هنا دراسة انسياب المياه او النفط مثلا في انابيبها للتحقق من وجود عقبات داخل هذه الانابيب، ويتم ذلك بطريقة تشبه حقن المريض بمادة مشعة وتتبع حركتها داخل جسمة لمعرفة فعالية الية دوران الدم في الجسم ككل او في منطقة معينة، او تزويد النبات بالفسفور المشع ومتابعته داخل النبات لنحصل على معلومة دقيقة عن معدل امتصاص الفوسفور وترسبه داخل النبات. يتم في هذه التقنية حقن مادة مشعة ذات عمر نصف قصير في منطق معينة قبل المنطقة المراد دراستها، فتحمل هذه المادة مع التيار ويتم قياس التراكيز الاشعاعية في نقاط محددة من المنطقة ذاتها وبعد ذلك يتم التقرير حول وضع الانبوب او حالة الجريان. تستخدم هذه التقنية بشكل واسع في دراسة انظمة التهوية سواء تدفق الهواء او فعالية الفلترة، وانظمة المزج للسوائل والغازات والمساحيق، وفحص التسرب في النابيب والخزانات للسوائل والغازات، ومعدلات استهلاك المحركات او تشكل الصدأ داخلها.

كما تستخدم النظائر المشعة في العديد من التطبيقات ومنها تحديد اعمار الاثار والمواد القديمة بقياس الكمية الموجودة في العينة من نظير الكربون-14، او من حساب نسبة الرصاص الى اليورانيوم في العينة. وتستخدم ايضا كمصدر للطاقة لانتاج الضوء من مواد فسفورية، وبذلك تكون المادة المشعة بديل عن مصدر للقدرة. بالاضافة الى عدد هائل من التطبيقات الصناعية والبحثية لما يعرف بالتحليل بالتنشيط النيوتروني الذي يتم فيه تشعيع المدة بالنيوترونات داخل المفاعل النووي فتصبح مكوناتها مشعة، وحيث ان لكل مادة مشعة اشعاعات بطاقات مميزة خاصة اشعة جاما، فيتم بالكشف عن هذه المواد وقياسها دراسة مكونات المادة الاصلية التي يمكن ان يكون لها اهمية صناعية كمقارنة مادة اصلية ومادة مقلدة، او قد تكون دليلا جرميا كفحص عينة من جسم مريض للتحقق من سبب الوفاة ، وقد استخدمت هذه التقنية في دراسة عينة من شعر نابليون فتبين وجود كمية من

الزرنيخ فيها، مما اكد الفرضية القائلة بانه مات مسموما. كما يمكن ان تكون هذه العينة تحفة فنية يراد التحقق من اصالتها، او تكون العينة منتجا زراعيا يراد التحقق من كمية ونوع الهرمونات والمبيدات المستخدمة لإنتاجه.

الفصل الرابع

تاريخ الطاقة النووية

تاريخ الطاقة النووية

مع بداية الثلاثينات من القرن الماضي كانت الكثير من المعالم الفيزيائية للتركيب الذري قد اصبحت واضحة للفيزيائيين، وبدأت بعض الدراسات على انشطار النوى الثقيلة مثل اليورانيوم وتم نشر العديد من الابحاث حول الموضوع والتي تشير الى امكانية انتاج طاقة هائلة من عملية الانشطار يمكن ان تستخدم كأداة للتدمير بشكل او بآخر. وصاحب التطور العلمي تطورات هائلة على المستوى السياسي حيث اصبح هتلر على رأس السلطة في المانيا في الاول من كانون ثاني من عام 1933 وبدأ بسعي حثيث لاعادة بناء المانيا وتطوير قدراتها ومنها القدرات العسكرية، ونتيجة لمخاوف اعدائه، خاصة الامريكيين والبريطانيين، من استخدامة للعلماء في تطوير هذه القدرات قاموا بمحاولات كثيرة، كانت ناجحة في كثير من الحالات، لاستقطاب العلماء الالمان لاخراجهم من بلدانهم واستخدامهم في برامجها العلمية وتحديدا النووية منها. ومع بدء اجتياح الجيش الالماني لشيكوسلوفاكيا عام 1938، وبعدها بولندا عام 1939، كانت الحرب العالمية الثانية قد بدأت بالفعل، وكان العديد من اهم الفيزيائيين الالمان والاوروبيين قد بادروا بالهروب من جحيم هذه الحرب والانتقال للعيش في الولايات المتحدة، ورغم خوف العديد من هؤلاء ان يتم استخدام الانشطار النووي كسلاح، الا ان احدا منهم لم يكن يستطيع الجزم بامكانية ذلك، واصبح بعدها الحديث عن الانشطار النووي سريا وتم التوقف عن نشر الابحاث ذات الصلة بالموضوع حتى لا يتمكن الطرف المعادي من استخدام هذه التقنية في أغراضه العسكرية.

في عام 1938 اثبت العالمان الالمانيان هان وشتراسمان عملية الانشطار النووي لنواة ذرة اليورانيوم، وبعده بقليل تم تقديم الوصف الرياضي لهذه العملية والذي بين ان كمية هائلة من الطاقة تنطلق من عملية الانشطار. العالم الهنغاري ليو زيلارد اثبت من جهته ان عملية الانشطار تنتج نيوترونات يمكن ان تقوم بدروها

بشطر انوية جديدة مما بشر بامكانية عمل ما عرف فيما بعد بالتفاعل المتسلسل الذي يؤدي الى استمرار عملية الانشطار وخروج كميات هائلة من الطاقة.

مع بداية الحرب العالمية الثانية كان لدى الفيزيائيين الغربيين مخاوف من ان يكون لدى الالمان مشاريعهم لتطوير واستخدام اسلحة الانشطار النووي، وكان هذا دافعا مهما لهم لتحقيق السبق والبدء بمشروعهم لتطوير واستخدام اسلحة الانشطار النووي. وقد بدأ العمل في هذا الاتجاه بشكل فعلي في المملكة المتحدة كجزء من مشروع "السبائك الانبوبية"، وفي الولايات المتحدة، عام 1939، بمشروع صغير بموازنة ضئيلة يهدف الى البحث في امكانية انتاج اسلحة نووية. وفي عام 1941، وتحت ضغط المنافسة مع المشروع البريطاني الذي كان يسير بشكل جاد وفعال، تم توسيع المشروع الامريكي ووضع في العام 1942تحت ادارة الجنرال غروفز وسمي بمشروع مانهاتن، اما المسؤول العلمي عن المشروع فكان الفيزيائي الامريكي روبرت اوبنهايمر. جلب للمشروع خيرة العقول الموجودة حينها بما في ذلك العديد من العلماء الاوروبيين وذلك للوصول الى الغاية الاسمى بالنسبة للامركيين وهي الحصول على السلاح النووي قبل الالمان. وكانت المعلومات والبيانات العلمية بين الولايات المتحدة وبريطانيا حول المشروع متاحة وقابلة للتبادل بشكل واسع اما حليفهم الثالث وهو الاتحاد السوفييتي فلم يتم ابلاغه بأي شيء عن هذا الموضوع.

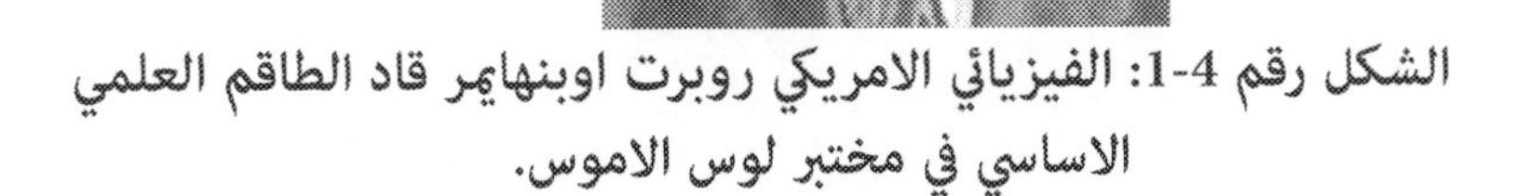

الشكل رقم 4-1: الفيزيائي الامريكي روبرت اوبنهايمر قاد الطاقم العلمي الاساسي في مختبر لوس الاموس.

كان الجهد المبذول في مشروع مانهاتن كبيرا جدا، حيث ضم المشروع اعظم الفيزيائيين، وانتشر هذا الاستثمار البحثي الحربي الامريكي في هذا المشروع على اكثر من ثلاثين موقعا مختلفا في الولايات المتحدة وكندا، بينما كانت المعرفة العلمية الاساسية تتركز في مختبر سري عرف باسم مختبر لوس الاموس في ولاية نيومكسيكو.

يتواجد اليورانيوم في الطبيعة في الغالب من النظير- 238 بنسبة 993 بالالف والنظير-235 بنسبة سبعة بالالف، ونواة الاخير تنشطر عندما تمتص نيوترونا منتجة شظيتي انشطار ونيوترونين وطاقة اي ان امكانية استمرار التفاعل المتسلسل تكون متاحة، اما نواة الاول فانها لا تنشطر في الغالب بل تمتص النيوترون وتتحول الى نظير النبتونيوم -239 الذي سرعان ما يتحول هو الاخر الى نظير البلوتونيوم -239 وهو نظير غير موجود في الطبيعة، مما يجعل هذا النظير، اي اليورانيوم-238، عقبة في وجه التفاعل المتسلسل، اي ان القنبلة النووية المكونة من اليورانيوم يجب ان تتكون من اليورانيوم-235 او على الاقل بنسبة 80 بالمئة منه، وكانت هذه الحقيقة من اهم المشاكل التي واجهت العلماء العاملين في مشروع مانهاتن، اذ كيف سيتم حلها وهل من الممكن استخلاص او فصل اليورانيوم-235 من اليورانيوم الطبيعي وهو ما يعرف الان بتخصيب اليورانيوم. لحل هذه المشكلة تم تطوير طريقتين اثناء الحرب، تعتمدان على حقيقة ان اليورانيوم-238 ذو عدد ذري اكبر من اليورانيوم-235، الاولى فصل النظائر كهرومغناطيسيا، والثانية الفصل بواسطة الانتشار الغازي. وقد انشأ مختبر سري ضخم للقيام بانتاج وتنقية اليورانيوم-235 في اوكريدج –ولاية تنسي، وكان هذا المختبر او لنقل المصنع استثمارا كبيرا، وبانتاج ضخم يكفي لصناعات تسليحية استراتيجية، وفي وقته اعتبر اضخم مصنع تحت سقف واحد، وشغَّل الاف العاملين الذين كان اغلبهم لا يعرفون ما هي حقيقة العمل الذي يقومون به. وللاستفادة من ميزة تحول

اليورانيوم-238 الى بلوتونيوم-239 بعد امتصاص الاول للنيوترون، ونظرا لما للأخير من ميزة في كونة مادة انشطارية تشبه اليورانيوم-235، اقيمت العديد من المفاعلات الكبيرة فيما يعرف الان بموقع هانفورد بولاية واشنطن، مستخدمة مياه نهر كولومبيا كمبرد، وذلك بغرض تحويل اليورانيوم-238 الى بلوتونيوم -239 لاستخدامه في صناعة الأسلحة النووية.

الشكل رقم 4-2: منشأة تخصيب اليورانيوم

كان اول المشاريع المقترحة للاستفادة من الطاقة الهائلة المنطلقة من الانشطار النووي هو استعماله في تصنيع الاسلحة النووية. فمع بداية الحرب العالمية الثانية عام 1939 اقترح عدد من العلماء المقيمين في الولايات المتحدة، ومنهم اينشتين، على الرئيس الامريكي فرانكلين روزفلت انتاج قنبلة نووية يكون اليورانيوم وقودا لها، وقد ظهرت موافقة روزفلت على شكل مشروع عسكري ضخم سمي مشروع مانهاتن وهو اسم مشفر لبرنامج تطوير الاسلحة النووية. وفعلا تم انتاج العديد من القنابل النووية تم اجراء اول تجريب لاحداها في نيوميكسيكو الامريكية في 16 تموز1945 ومن ثم استخدام اثنتين منها بشكل فعلي في الحرب العالمية الثانية اذ القيت قنبلة على هيروشيما وثانية على ناجازاكي مما سبب مقتل حوالي 100الى 120 الف انسان مباشرة وادت الى استسلام اليابان وانتهاء الحرب. ورغم العدد الكبير من القتلى الا ان العديد من العلماء الذين شاركوا في مشروع مانهاتن،

وساهموا بعلمهم في تطوير هذا السلاح الفتاك، لم يروا انهم اساءوا التقدير او ان قتل هذا العدد الكبير من الناس يمثل خطيئة او عارا لحق بهم. وان كان البعض الاخر رأى في هذا العمل اساءة بالغة للفيزياء وللعلماء وللانسانية.

ان تطوير الاسلحة النووية رافقه جهود حثيثة في تقنيات مرادفة مثل تطوير عملية تخصيب اليورانيوم وهي عملية فصل نظير اليورانيوم-235 عن اليورانيوم الطبيعي، وانتاج البلوتونيوم-239 الذي يمتاز هو ونظير اليورانيوم-235 بميزات فيزيائية تجعلة اكثر ملائمة للانشطار النووي بحيث يكون اكثر ملائمة لصنع الاسلحة النووية او للاستخدام في المفاعلات النووية.

تم ضمن مشروع مانهاتن انشاء العديد من المراكز المتخصصة والتي اتبعت للجامعات في اوكريدج(ولاية تينيسي) ولوس الاموس (ولاية نيوميكسيكو) وهانفورد (ولاية واشنطن)وبيركلي (كاليفورنيا) وارجون (ولاية الينوي)، قامت هذه المراكز بتخصيب اليورانيوم وانتاج البلوتونيوم واجراء الدراسات النظرية والتطبيقية التي ادت في مجملها الى تطور وانتاج الاسلحة النووية وانشاء العديد من المفاعلات.

ان عملية الانشطار المتسلسل التي تحصل في التفجير النووي هي عملية غير مسيطر عليها، اما اذا كانت تحت السيطرة بحيث يمكن زيادة معدل الانشطار او تخفيضه او حتى ايقافه فان ذلك يتم من خلال اضافة عوامل السيطرة والتبريد اللازمة للسيطرة على التفاعل او السيطرة على الحرارة التي يمكن ان تودي بالعملية ككل، ويكون ذلك ضمن منظومة تعرف بالمفاعل النووي. وقد كان اول مفاعل من تصميم الانسان هو المفاعل الذي بناه انريكو فيرمي عام 1942 في ملعب لكرة القدم في جامعة شيكاغو، واستخدم فيه اليورانيوم الطبيعي كوقود والفحم كمهدئ.

ان مفاعل فيرمي آنف الذكر كان مفاعلا بسيطا لما هو موجود الان. فنتيجة للطلب المتزايد على الطاقة ونتيجة للايجابيات التي تتمتع بها الطاقة النووية ونتيجة لتطور الصناعة النووية ظهر العديد من المفاعلات بانواع مختلفة ولاغراض متعددة، وان كان من الممكن تصنيفها الى صنفين اساسيين احدها المفاعلات البحثية والاخر مفاعلات انتاج القدرة ولو تداخلت مهامها واغراضها احيانا.

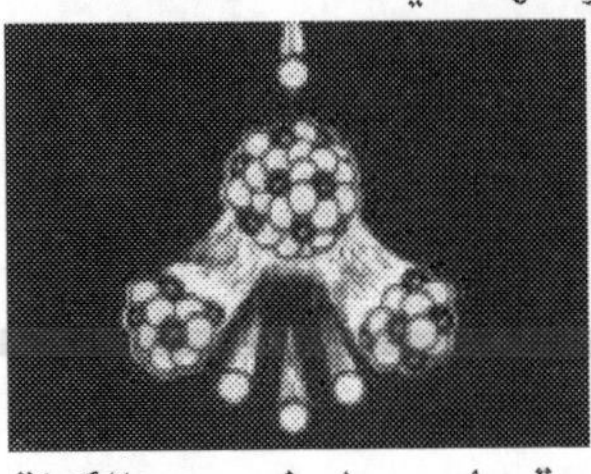

الشكل رقم 4-3:يمين:الاحتراق ويكون نسبة ما يتحول فيه من الكتلة الاصلية الى حرارة هوجزء من الف مليون جزء، يسار: الانشطار النووي ويكون ما يتحول فيه من الكتلة الاصلية الى حرارة جزء واحد من الف جزء، عند انشطار كيلو غرام من اليورانيوم بشكل كامل ينتج طاقة مقدارها 23 مليون كيلوواط ساعة تقريبا ويكافيء احتراق 2000طن من الفحم.

الشكل رقم 4-4 : رسم توضيحي لاول مفاعل في العالم في شيكاغو (لا توجد صور حقيقية نتيجة الاحتياطات الامنية المتعلقة بمشروع مانهاتن)، تكون المفاعل من طبقات من الفحم المحشو باليورانيوم. تم الحصول على تفاعل متسلسل دائم لاول مرة في 2 كانون اول من عام 1942، ارسلت برقية الى واشنطن لابلاغهم بنجاح التجربة جاء فيها: الربان الايطالي رسى في عالم جديد وقد وجد سكان البلاد الاصليين ودودين. والربان هو انريكو فيرمي.

الفصل الخامس

الأسس الفيزيائية
لإنتاج الطاقة النووية

الأسس الفيزيائية لإنتاج الطاقة النووية

ان خاصية التعادل الكهربائي التي تتميز بها النيوترونات والتي تجعلها قادرة على اختراق النواة دون معاناة ظاهرة التنافر الكهربائي ادت الى استخدامها في العديد من الابحاث والدراسات. كان من اوائل العلماء الذين استخدموا النيوترونات في ابحاثهم العالم الايطالي (الامريكي فيما بعد) انريكو فيرمي وذلك فيما يعرف بظاهرة الأسر النيوتروني وذلك بقذف النواة بنيوترون تقوم هي بدورها بالاحتفاظ به بما يشبه عملية القبض او الاسر، فيقوم هذا النيوترون بالتحول الى بروتون يبقى داخل النواة، والكترون يخرج منها مباشرة اي ان ينتج لدينا عنصر جديد، وفي الغالب يكون المنتج الجديد مشعا، وبذلك اصبح لدى الباحثين طريقة لانتاج نظائر مشعة جديدة غير موجودة في الطبيعة، ومنها تلك النظائر التي تستخدم في العديد من الاغراض الطبية والصناعية والبحثية. كما تم اجراء العديد من الدراسات المتعلقة بخصائص النيوترونات وتفاعلاتها مع انوية مختلف العناصر والتي انشأت البنية التحتية لما عرف فيما بعد بالطاقة النووية.

اثناء احدى التجارب التي كان يقوم بها العالمان الالمانيان هان وشتراسمان عام 1939 اكتشفا بطريق الصدفة ان قذف نواة اليورانيوم بالنيوترونات انتج نواة عنصر الباريوم لها تقريبا نصف العدد الكتلي لليورانيوم، او بطريقة اخرى ان قذف نواة اليورانيوم بالنيوترونات ادى الى شطرها الى قسمين متقاربين مجموع كتلتهما يساوي كتلة نواة اليورانيوم تقريبا. بعد انتشار نتائج هذا البحث اجريت اعداد كبيرة من الدراسات وخصوصا في الولايات المتحدة الامريكية التي انتقل للعيش فيها العديد من العلماء مثل اينشتين وفيرمي، والتي كان من ابرز نتائجها ان انشطار نواة اليورانيوم بواسطة النيوترونات يؤدي الى انتاج كمية هائلة من الطاقة تقدر بحوالي 200 مليون الكترون فولت(وحدة طاقة) وهذا المقدار لا يمكن باي شكل من الاشكال مقارنته بالطاقة الناتجة من الاحتراق العادي والذي ينتج ما يقارب

الكترون فولت واحد لاحتراق ذرة واحد في اغلب انواع الوقود المعروف، او ان الانشطار الكامل لغرام واحد من اليورانيوم سيطلق تقريبا كمية من الطاقة كاحتراق 15برميل من النفط او 2 طن من الفحم عالي الجودة . كما ان هذا الانشطار ينتج 2-3 نيوترونات لكل ذرة ويمكن استخدام هذه النيوترونات الناتجة من الانشطار في شطر انوية يورانيوم جديدة تنتج طاقة هائلة ونيوترونات جديدة ... الخ وهذا ما يعرف بالتفاعل المتسلسل.

يعتمد انتاج الطاقة النووية على انشطار نواة مادة انشطارية كاليورانيوم-235 وذلك بعد قذفها بنيوترون، وينتج عن هذا الانشطار نواتين جديدتين وحوالى 3 نيوترونات مجموع كتلتها، اي النواتين الجديدتين والثلاثة نيوترونات، اقل قليلا من كتلة النواة المنشطرة وتتحرك جميعها بسرعة هائلة جدا، ونقول في هذه الحالة ان طاقتها الحركية كبيرة جدا، ومصدر هذه السرعة الهائلة او الطاقة الحركية الكبيرة هو الفرق في الكتلة بين النواة الام من جهة والانوية والنيوترونات الناتجة من الانشطار من جهة اخرى(الشكل رقم 5-1). اذا ضربنا مقدار الكتلة المفقودة بمربع سرعة الضوء فاننا نحصل على مقدار الطاقة الحركية الناتجة وذلك حسب معادلة اينشتين في تحول الكتلة الى طاقة. ان انشطار نواة واحدة يعطي في المعدل كمية من الطاقة تقدر بحوالى 200 مليون الكترون فولت(وحدة طاقة)، هي اساس انتاج الطاقة في المفاعلات والقوة التدميرية الهائلة في الاسلحة النووية.

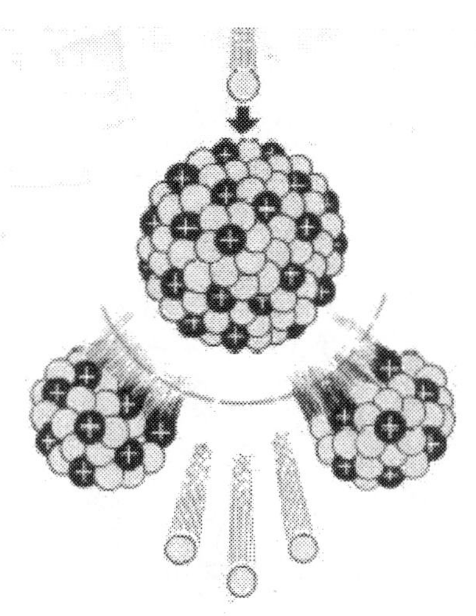

الشكل رقم 5-1: انشطار نواة اليورانيوم نتيجة دخول نيوترون اليها، الطاقة الناتجة تكون على شكل طاقة حركية للنواتين وللنيوترونات الثلاثة الناتجة جميعا من الانشطار

ان عملية الانشطار تحكمها مجموعة من الظروف التي تجعل هذه العملية عملية متكاملة وذات جدوى، فاذا كان لدينا نواة يورانيوم واحدة فقط قذفناها بنيوترون فان الثلاث نيوترونات التي تنتج من الانشطار تكون عديمة الفائدة لعدم وجود ذرات يورانيوم لتصطدم بها وتنتج عملية انشطار جديدة، لذا فانه يلزم وجود نيوترون واحد على الاقل في بداية عملية الانشطار ليكون كقادح، ويمكن انتاجه من مادة مشعة مثل امريشيوم-بيريليوم، وعدد من ذرات مادة الوقود، ومن الضروري جدا ان تكون احتمالية اصطدام النيوترون مع نواة مادة الوقود ومن ثم امتصاصها عالية جدا، وبازدياد عدد النيوترونات الاولية من القادح وعدد ذرات مادة الوقود تزداد احتمالية التصادم والامتصاص مع ومن قبل نواة مادة الوقود، واذا استطعنا ضمان ان تتواجد كمية من مادة الوقود بحيث ان نيوترونا واحدا، على الاقل، من النيوترونات الثلاث الناتجة من الانشطار السابق يشارك في عملية انشطار لنواة ذرة جديدة بحيث يحصل التفاعل المتسلسل القابل للحياة فاننا بذلك نكون قد انشأنا مفاعلا نوويا خاليا من الاضافات (او الاكسسوارات) وهي اضافات ضرورية جدا واساسية للتحكم بالمفاعل النووي.

هناك العديد من المواد التي تنشطر انوية ذراتها وذلك اما بدون مسبب خارجي وهذه الحالة تسمى الانشطار التلقائي، اوبمسبب خارجي بقذفها بنيوترون وهو ما يعرف بالانشطار المستحث وهو الانشطار المعروف والمستخدم لانتاج الطاقة في المفاعلات. وحيث ان المواد التي تنشطر انوية ذراتها هي مواد مشعة اي تنحل ذراتها وتتحول الى مواد غير انشطارية وباعمار نصف متفاوته، فان ليس كل هذه المواد يمكن استخدامها بشكل عملي في المفاعلات او التفجيرات النووية لانها لا يمكن ان تخزن لفترة طويلة لتستخدم وقت حاجتها. ولا توجد الا ثلاث مواد تمتاز بعمر نصف طويل ويمكن ان تخزن لفترة طويلة دون الخوف من انحلالها الاشعاعي وبالتالي تستخدم بشكل مناسب كوقود نووي. المواد الثلاث هي: اليورانيوم-235 هو النظير الوحيد الموجود في الطبيعة بنسبة بسيطة جدا وهي سبعة الى الف اي من كل الف نواة يورانيوم طبيعي يوجد سبعة انوية يورانيوم-235 فقط وعملية فصل ذرات يورانيوم-235 من اليورانيوم الطبيعي تدعى بتخصيب اليورانيوم، والبلوتونيوم-239 واليورانيوم-233 وهما نظيران مصنعان يتم انتاجهما بقذف انوية اليورانيوم-238 والثوريوم-232، وهما نظيران موجودان في الطبيعة وقابلان للانشطار، على التوالي بالنيوترونات وبعد امتصاص النيوترونات تتم عمليتا انحلال لكل منهما لينتج النظيران المذكوران. ان اليورانيوم-238 والثوريوم-232 يدعيان بالمواد القابلة للانشطار(fissionable) لانها لا تنشطر الا اذا كانت طاقة النيوترون المصطدم بها طاقة عالية، اما اليورانيوم-235والبلوتونيوم-239 واليورانيوم-233 فتسمى مواد انشطارية(fissile) لانها تنشطر بنيوترونات مهما كانت طاقتها، ومن هنا كانت اهميتها في استخدامها كوقود في المفاعلات بانواعها المختلفة وسعي الدول للحصول عليها.

ان اعتبار ان نيوترونا واحدا قد ينشئ ويديم تفاعلا متسلسلا هو تصور بسيط وغير عملي بشكل دقيق، فاحد النيوترونات الثلاث الناتجة من عملية الانشطار هو المطلوب لاحداث الخطوة التالية من التفاعل المتسلسل، وفي واقع الحال فان من المحتمل ان تمتص النيوترونات من قبل انوية ذرات الوقود لتتحول الى نواة جديدة مشعة دون ان تنشطر، كما ان العديد من النيوترونات تخرج من الحيز الذي يحوي مادة الوقود دون اجراء اي تفاعل، او قد تتفاعل مع المواد الاخرى الموجودة ضمن الحيز نفسه (الشكل رقم 5-2). لذا كان من الضروري توفر كمية من مادة الوقود النووي توفر احتمالية ان يتفاعل نيوترون واحد من الثلاث نيوترونات في كل خطوة تلي عملية انشطار احد انوية مادة الوقود بما يضمن استمرار التفاعل المتسلسل، وتسمى كمية مادة الوقود التي تضمن ذلك الاستمرار للتفاعل المتسلسل الكتلة الحرجة وهي اقل كمية ممكنة من مادة الوقود يجب تواجدها لاجراء تفاعل متسلسل اي انتاج طاقة في المفاعل او اجراء تفجير نووي. وتعتمد الكتلة الحرجة في اي مفاعل نووي على العديد من العوامل رغم انها تكون معروفة بشكل جيد لكل نوع من المفاعلات، فلليورانيوم-235 تتراوح الكتلة الحرجة من اقل من كيلوغرام واحد عندما يكون اليورانيوم مخصبا اكثر من 90% من المادة الانشطارية الى ما يزيد عن 200 كيلوغرام لنسب التخصيب المنخفضة 3% وتكون هذه الكمية متواجدة مع حوالي 30 طنا من اليورانيوم-238 القابل للانشطار. اما اليورانيوم الطبيعي والذي تكون نسبة التخصيب فيه7،0% (سبعة من كل الف) من اليورانيوم-235 فلا يمكن ان يشكل كتلة حرجة مهما كانت كمية المادة الموجودة منه لان اغلب النيوترونات تمتص من قبل انوية المادة في عمليات غير انشطارية وبالتالي لا يمكن الحصول على نيوترون واحد يؤدي للانشطار في كل خطوة من التفاعل المتسلسل.

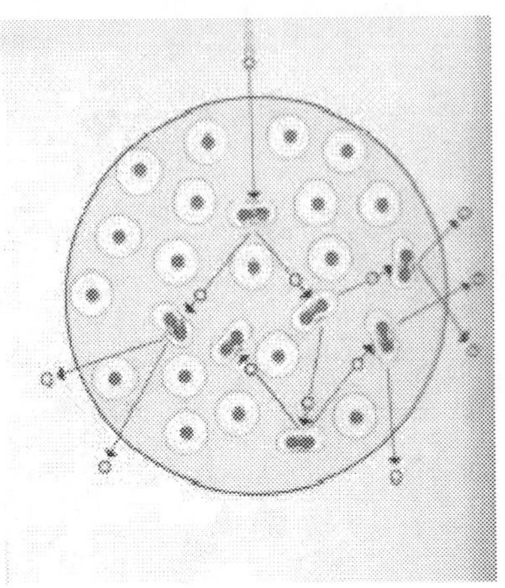

الشكل رقم 5-2: انشطار نواة اليورانيوم نتيجة دخول نيوترون اليها ويظهر التفاعل المتسلسل والكتلة الحرجة.

ان الرعب المصاحب لاستخدام المفاعلات النووية هو الخوف من الاشعاع المصاحب لهذا الاستخدام، ويعود ذلك الى ان الانشطار النووي وبالاضافة الى الكمية الهائلة من الطاقة والنيوترونات التي ينتجها، فانه ينتج كمية كبيرة من المواد المشعة، فعند انشطار نواة مادة الوقود فانه ينتج نواتين جديدتين تسميان شظايا الانشطار وهما ليسا شظايا حقيقية بالشكل الذي يتخيله القارئ الكريم وانما عبارة عن نواتي ذرتين تنطلقان بسرعة هائلة تبلغ عشرة الاف كيلومتر في الثانية، أي انها تملك طاقة حركية كبيرة جدا، وحيث انهما تكونان داخل مادة الوقود فانهما ستضطران للتوقف بشكل كامل خلال مسافة لا تتجاوز بضعة ملي مترات وستخسران طاقتهما على شكل حرارة وهي الاساس في الحرارة المستخدمة في توليد الطاقة من المفاعل، ولا يوجد شرط يحكم تشكل النواتين الجديدتين فيمكن ان تكونا لاي من العناصر الكيميائية المعروفة وفي الاغلب تقع اعدادها الذرية بين 30 و65، فيمكن ان تجد من بين شظايا الانشطار نظائر اليود والسيزيوم والتكنيشيوم والكربتون والبروم، غير ان المشكلة الوحيدة في هذه المواد جميعها انها

غير مستقرة، اي نشطة اشعاعيا، وتصل الى حالة الاستقرارية باشعاع جسمات بيتا واشعة جاما في اغلب الحالات عبر سلسلة من التحولات لتنتج عدد كبيرا جدا من النظائر المشعة، تسمى نواتج الانشطار، وتنتهي كل سلسلة بنظير مستقر، يبين الشكل رقم (5-3) عملية الانشطار وانحلال نواتج الانشطار. السلسلة العليا تمثل انوية الزركونيوم والنايوبيم ونهايتها المولبيدينوم وهو نظير غير مشع وجميعها اعدادها الكتلية 97 اما السلسلة الدنيا فتمثل انوية التيليريوم واليود والزينون والسيزيوم ونهايتها الباريوم وهو نظير غير مشع وجميعها اعدادها الكتلية 137، وتأخذ عمليات التحلل الاشعاعي هذه حوالى 5% من طاقة الانشطار النووي الكلية. وبالرغم من ان ما يزيد عن 90% من النظائر المشعة الناتجة (نواتج الانشطار النووي) ذات عمر نصف قصير لايتجاوز الساعات او الايام اي انها في غضون ايام واشهر من انتاجها تختفي اشعاعيتها ولا تعود تشكل اي خطر اشعاعي، الا ان بعض هذه النواتج عمرها النصفي يصل الى عشرات السنين مما يجعلها تبدو كعامل خطر بعيد المدى ومن هنا برزت مشكلة النفايات النووية التي تتشكل في اغلبها من نواتج الانشطار ذات اعمار النصف الطويلة. كما ان احد اهم المشاكل ذات البعد البيئي للمفاعلات النووية هي الانبعاثات التي تنطلق من المفاعل اثناء التشغيل الاعتيادي او اثناء الحوادث النووية وما هذه الانبعاثات الا نواتج الانشطار التي تنطلق عنوة من المفاعل وبنسب مختلفة حسب تصميم المفاعل وتشكل وسواسا للعاملين في مجال حماية البيئة ولكنها في واقع الحال ومن الناحية العلمية لا تشكل الخطر الذي تحدث عنه الاعلام والبيئيون اللهم الا الخطر النفسي الناتج من الرعب الذي انتجوه.

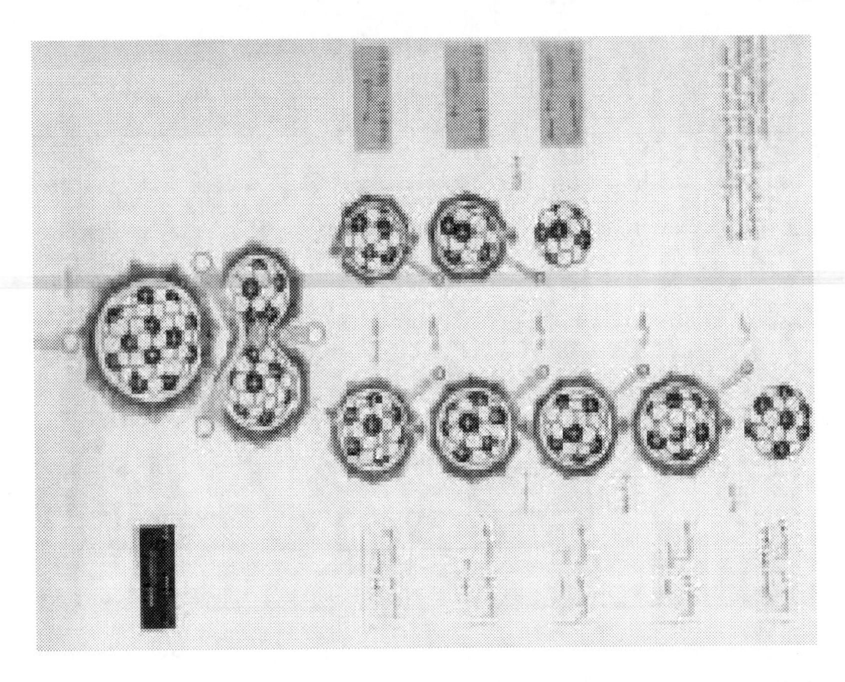

الشكل رقم 5-3: انشطار نواة اليورانيوم نتيجة دخول نيوترون اليها، النواتين الناتجتين من الانشطار وتحللهما الى انوية جديدة وانبعاث جسيمات بيتا واشعة جاما في اغلب مراحل التحلل.

الفصل السادس

المفاعل النووي

المفاعل النووي

1-6 المفاعل نظرة من الداخل

لأن كانت النيوترونات والوقود النووي هما اساس عمل المفاعل النووي، فان العديد من المواد والعمليات تكون ضرورية جدا وأساسية حتى نستطيع تشغيل المفاعل والسيطرة عليه وضمان سير تشغيله بشكل آمن وفعال في ذات الوقت للحصول على المنفعة التي تبرر وجود هذه الاداة.

عند امتصاص نيوترون واحد من قبل نواة ذرة الوقود النووي فانها تنشطر ليخرج منها 2الى 3 نيوترونات وشظيتا الانشطار، ويقوم كل واحد من النيوترونات الناتجة بدوره بالتفاعل مع نواة ذرة وقود جديدة لتنشطر وتنتج نيوترونات جديدة لتستمر عملية الانشطار وانتاج النيوترونات ليحصل ما يعرف بالتفاعل المتسلسل القابل للحياة او المتزن. ونتيجة لاحتمالية تسرب النيوترونات من منظومة الوقود او امتصاصه من قبل المواد المساندة الموجودة في المنظومة وهي مواد غير انشطارية، او امتصاصه من قبل مادة الوقود ولكن دون ان تحصل عملية الانشطار، كل ذلك يجعل عملية الاستفادة من النيوترونات الناتجة من الانشطار عملية معقدة بحيث انه يلزم لاستمرار التفاعل المتسلسل المتزن ان نستفيد من نيوترون واحد على الاقل ناتج من الانشطار يدخل في عملية انشطار مستقبلية وهنا نقول ان معامل المضاعفة يساوي واحد واذا زاد معدل المضاعفة عن واحد فان قدرة المفاعل او كمية الطاقة الناتجة في وحدة الزمن تزداد ويكون المفاعل في وضع تشغيل، واذا نقصت عن واحد فان التفاعل المتسلسل المتزن لا يستمر ونقول ان المفاعل في وضع اطفاء. ان الاستفادة من النيوترونات بالشكل المناسب هو الاساس في تشغيل المفاعل والسيطرة عليه، فمع استمرار ارتفاع معدل المضاعفة يزداد عدد الانشطارات في الثانية بشكل اسي بحيث يمكن للحرارة الناتجة ان تدمر منظومة الوقود مما يسبب انتهاء التفاعل المتسلسل وهو امر غير مقبول في المفاعلات

النووية، ولكنه ضروري في الاسلحة النووية حيث لا تتوافر آليات السيطرة وانما يراد زيادة معدل الانشطار الى اقصى حد ممكن للحصول على اكبر قوة تدميرية ممكنة.

كان انشاء المفاعل الاول من قبل انريكو فيرمي في شيكاغو عام 1942 فاتحة لانشاء مئات المفاعلات النووية لاغراض البحث او لانتاج البلوتونيوم او لانتاج الطاقة الكهربائية وقد انتشرت هذه المفاعلات في قارات العالم الخمس وفي انحاء شتى من العالم. وقد اختلفت هذه المفاعلات من ناحية التصميم وذلك حسب طبيعة الاستخدام او ظروفه او توفر الوقود، وان كان اكثر المفاعلات شيوعا هو مفاعل الماء العادي او ما يمكن تسميته بمفاعل بالماء الخفيف.

الجزء الاساسي في المفاعل هو قلب المفاعل حيث توضع مادة الوقود او المادة الانشطارية وهي في مفاعلات الماء الخفيف ثاني اوكسيد اليورانيوم بنسبة تخصيب لليورانيوم تبلغ 2-3%. يصنع ثاني اوكسيد اليورانيوم على شكل عبوات خزفية اسطوانية الشكل طولها وقطرها بحدود سنتيمتر واحد وتوضع في قضبان (مفرغة) من سبيكة من الزركونيوم والزنك او الحديد المقاوم للصدأ بطول يصل الى ثلاثة امتار ونصف، وتغلق القضبان باحكام لمنع خروج نواتج الانشطار منها وهو الواجب الثاني لهذه القضبان التي تهدف اساسا الى اسناد اسطوانات الوقود الخزفية، وتجمع قضبان الوقود في مجموعات تسمى منظومة الوقود.

ان شظايا الانشطار تنطلق بعد عملية الانشطار بسرعات كبيرة جدا تزيد عن 10 الاف كيلومتر في الثانية، وحيث ان هذه الشظايا يجب ات تتوقف داخل قضيب الوقود اي في مسافة لا تتجاوز سنتيمتر واحد، فان كل الطاقة الحركية التي تحملها سوف تتحول الى حرارة داخل قضيب الوقود، وهذه الحرارة هي اساس انتاج الطاقة الكهربائية داخل المفاعل، وهي اساس القوة التدميرية الهائلة في الاسلحة النووية. واذا لم يتم السيطرة على هذه الحرارة فان منظومة الوقود سرعان

ما تذوب او تتبخر، لذا وحتى يبقي المفاعل عاملاً في ظروف مناسبة كان لا بد من التخلص من هذه الحرارة من خلال تبريد المفاعل وذلك اما بالماء العادي في حالة مفاعل الماء الخفيف، او بوسائل تبريد اخرى كالغاز او المعادن المذابة في انواع اخرى من المفاعلات. يدخل الماء الى قلب المفاعل من الاسفل بدرجة حرارة منخفضة ويخرج من الاعلى بدرجة حرارة تصل الى 300 درجة مئوية او يزيد، ويكون سائلا في حال كون المفاعل تحت ضغط مرتفع بحدود 2200باوند لكل انش مربع (يسمى هذا النوع من المفاعلات بمفاعل الماء المضغوط) او يخرج بخارا اذا كان المفاعل تحت ضغط اقل من السابق ، بحدود 1000 باوند لكل انش مربع (يسمى هذا النوع من المفاعلات بمفاعل الماء المغلي)، وتكون حركة الماء ضمن دائرة مغلقة حتى لا تلوث الاجهزة والمرافق الاخرى القريبة من المفاعل. يمرر الماء الخارج من قلب المفاعل في انابيب تمر في خزانات مياه سرعان ما يتبخر محتواها من الماء ويستخدم في تحريك توربينات تدير مولدات كهربائية.

اذا بدأت عملية التفاعل المتسلسل في المفاعل مع توافر كمية كبيرة من الوقود اكثر من الكتلة الحرجة فان معدل الانشطار قد يتزايد بشكل سريع يمكن ان يؤدي الى انفجار منظومة الوقود، لذا فان من الضروري السيطرة على معدل التفاعل من خلال قضبان توزع بشكل منتظم بين قضبان الوقود وتصنع من مادة لها قابلية عالية على امتصاص النيوترونات وتسمى قضبان السيطرة، فعندما يراد تشغيل المفاعل او زيادة قدرته تسحب هذه القضبان من بين قضبان الوقود فيزيد معدل الانشطار، اما اذا ما اريد اطفاء المفاعل فيتم ادخال هذه القضبان بين قضبان الوقود فتمتص النيوترونات الناتجة من الانشطار فلا تصل الى قضبان الوقود فينتهي التفاعل المتسلسل ويقل معدل الانشطار الى حد منخفض جدا. ومن المواد التي تستخدم كمواد سيطرة الكادميوم والبورون والهافنيوم.

يمتاز اليورانيوم-235 بانه ينشطر بالنيوترونات ايا كانت طاقتها غير ان احتمالية الانشطار تكون اكبر عندما تكون الطاقة الحركية النيوترونات اقل ما يمكن وتسمى هذه النيوترونات بالنيوترونات الحرارية، وحيث ان النيوترونات الناتجة من الانشطار تكون ذات طاقة حركية مرتفعة جدا وجب تخفيض طاقتها (سرعتها) الى طاقات منخفضة وتستخدم لهذ الغرض مادة مهدئة يكون لذراتها المقدرة على الاصطدام بالنيوترونات وتخفيض سرعتها على مراحل ومن اشهر المواد المستخدمة في التهدئة الهيدروجين الموجود في الماء العادي او الفحم، اي ان الماء يمكن ان يستخدم في مفاعلات الماء الخفيف كمبرد ومهدئ في آن واحد.

تحاط المنظومة سابقة الذكر المكونة من قضبان الوقود والسيطرة ومادتي التبريد والتهدئة بخزان من الحديد المقاوم للصدأ، ويحاط هذا الخزان بجدار سميك يكون عادة من الاسمنت المسلح لوقاية العاملين في المفاعل من اخطار اشعة جاما، وتحاط بناية المفاعل بشكل كامل بحاجز خارجي يعرف بالاحتواء يكون مزودا بفتحات تهوية لتسريب بعض نواتج الانشطار الخارجة من قلب المفاعل وتغلق تماما عند حصول تسرب كبير لنواتج الانشطار او عند الحوادث التي يمكن ان تحصل في المفاعل. تضاف في العادة قضبان مساندة للسيطرة على المفاعل عند اخفاق قضبان السيطرة الاعتيادية وتعرف القضبان المساندة هذه بقضبان السلامة، ولمنع النيوترونات من التسرب الى خارج قلب المفاعل ليستفاد منها في عمليات الانشطار يغلف قلب المفاعل بالبريليوم او الفحم او اليورانيوم.

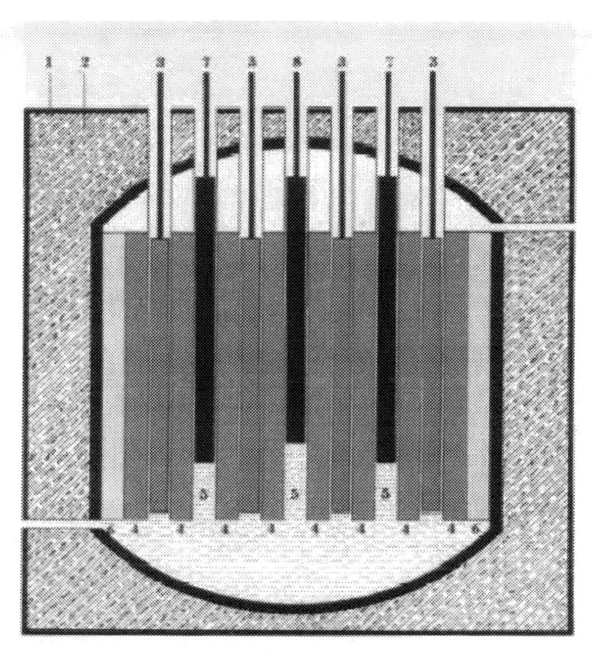

الشكل رقم 6-1: الاجزاء الرئيسية للمفاعل النووي :1- حافظة المفاعل، 2- جدار سميك من الاسمنت المسلح للوقاية من اشعة جاما والنيوترونات المتسربة، 3- قضبان الوقود، 4- المهدئ، 5- سائل التبريد، 6- عاكس للنيوترونات، 7- قضبان السيطرة، 8- قضبان السلامة، الفتحتان يسار الشكل في الاسفل ويمينه في الاعلى لدخول وخروج سائل التبريد غلى التوالي.

الشكل رقم 6-2: منظر خارجي لمفاعل نووي مبرد ومهدئ بالماء العادي(الخفيف)، يمين الشكل يظهر المفاعل، ويسارة برج التبريد.

2-6 المفاعل النووي:الأنواع والأهداف

تتنوع الاهداف التي يُنشأ من اجلها المفاعل النووي بالرغم من ان الناتجين الرئيسيين في المفاعل هما النيوترونات الناتجة من الانشطار والحرارة الناتجة من توقف شظيتي الانشطار داخل مادة الوقود في زمن قصير جدا حيث تتحول طاقتها الحركية الى حرارة، ويكون مصدر طاقتها الحركية هو فرق الكتلة بين نواة ذرة اليورانيوم التي انشطرت ومجموع كتل شظيتي الانشطار والنيوترونات الثلاث الناتجة من الانشطار، وهذا الفرق يتحول الى طاقة حسب مبدأ اينشتين في تحول الكتلة الى طاقة والتي يكون مقدارها كبيرا جدا. وبشكل عام فان المفاعلات تُنشأ لانتاج الحرارة والطاقة الكهربائية وانتاج النظائر المشعة وانتاج المواد الانشطارية مثل البلوتونيوم-239 واليورانيوم-233 وهما نظيران يستخدمان كوقود للمفاعلات او مادة انشطارية للاسلحة، كما بنيت مئات المفاعلات في مختلف دول العالم لاغراض بحثية في مجالات الفيزياء والكيمياء وعلوم المواد وعدد كبير هائل من الاستخدامات التي تتوزع على مجالات الحياة المختلفة من صناعة وعلوم وطب وزراعة.

تصمم المفاعلات بناءا على الغرض المراد منها، فالوقود يمكن ان يكون قضبانا مملوءة باوكسيد اليورانيوم اوغيرة من المواد الانشطارية، ويمكن ان يكون محلولا مشبعا من اوكسيد اليورانيوم، والمهدئ قد يكون ماءاً عاديا او ماءاً ثقيلا او بريليوم او كرافيت او بعض المواد العضوية، والمبرد قد يكون فلزا منصهرا او ماءاً عاديا او ماءاً ثقيلا اوهيليوم او ثاني اوكسيد الكربون.

المفاعلات البحثية: تعتبر المفاعلات البحثية مصادر للنيوترونات بل من اكثر مصادر النيوترونات شيوعا وتستخدم في تطبيقات التحليل بالتنشيط النيوتروني. تشير تقارير وكالة الطاقة الذرية الدولية الى وجود 273 مفاعلا بحثيا عاملا تستخدم في اغلب دول العالم الغنية والفقيرة، المتقدمة والمتخلفة على السواء وذلك

حسب احصائيات عام 1996 باستثناء الدول العربية حيث لا تستخدم الا في مصر وسوريا والجزائر وليبيا. من هذه المفاعلات البحثية 188 مفاعلا في دول العالم المتقدمة و85 مفاعلا بحثيا في الدول النامية مثل بنغلاديش وتشيلي وغانا والمكسيك وفيتنام والكنغو. يشتهر من انواع المفاعلات البحثية خمسة انواع هي سلوبوك وارغونوت وتريغا ومفاعل البِرْكة ومفاعل الماء الثقيل. تتراوح قدرة هذه المفاعلات بين 20كيلوواط الى 5الاف كيلوواط باستثناء مفاعل الماء الثقيل الذي تتراوح قدرته بين 10الى 26 الف كيلوواط. تتراوح اعمار المفاعلات العاملة بين ما تم بناءه حديثا الى ما يزيد عن خمسين عاما، ما يزيد عن 50 بالمئة منها تقع بين اربعين الى خمسين عاما، والعديد من المفاعلات تخضع لعمليات تجديد مستمرة. تتراوح نسبة تخصيب اليورانيوم في هذه الانواع من 20 بالمئة الى 93 بالمئة، رغم ان وكالة الطاقة الذرية الدولية طلبت من اعضائها تخفيض نسبة التخصيب الى نسب متدنية بحدود العشرين بالمئة، وذلك بعد حرب الخليج الثانية واجتياح العراق من قبل مفتشي الوكالة عام 1991.وتبلغ كمية اليورانيوم-235 المستخدم من اقل من 3 كيلوغرام الى 9 كيلوغرام او اقل من ذلك بقليل.

مفاعلات انتاج القدرة: ينحصر مدى انتاج القدرة الكهربائية في مفاعلات تتراوح قدرتها بين 500 و 1000 مليون واط، وتزداد تكلفة انتاج الطاقة الكهربائية مع نقصان قدرة المفاعل. حتى عام 1977 كان نصف مفاعلات القدرة الكهربائية من مفاعلات الماء المضغوط وثلثها من مفاعلات الماء المغلي والبقية اما مبردة بالغاز او مفاعلات مهدأة بالماء الثقيل. يحتوي قلب مفاعل الماء المضغوط او مفاعل الماء المغلي حوالى 40000 قضيب وقود تحوي حوالي 88 طنا من اوكسيد اليورانيوم المخصب بنسبة 2الى3 بالمئة، ويبرد ويهدأ الاثنان بالماء العادي، والفرق الرئيسي بينهما ان الماء يكون تحت ضغط مرتفع في المفاعل المضغوط مما يجعله يخرج

من وعاء المفاعل بشكل سائل اما الاخر فيحدث الغليان في وعاء المفاعل لانخفاض الضغط.

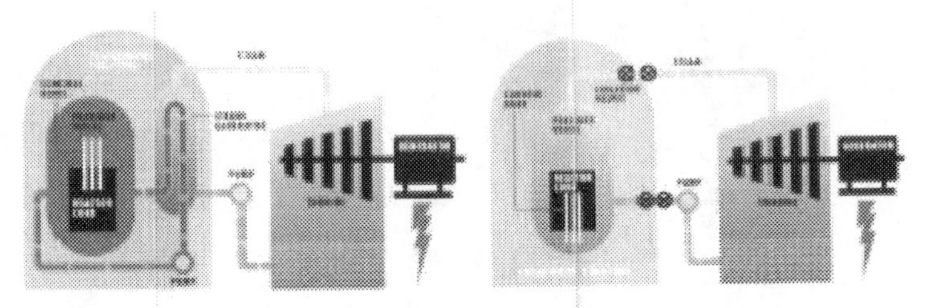

شكل رقم 6-3: مفاعل الماء العادي:يمين مفاعل الماء المغلي وعلى اليسار مفاعل الماء المضغوط، الفرق بينهما ان الماء يخرج بخارا من وعاء مفاعل الماء المغلي بينما يخرج سائلا بسبب الضغط المرتفع في مفاعل الماء المضغوط

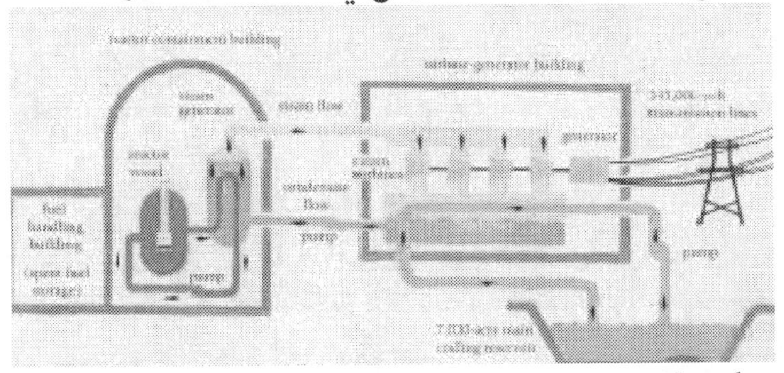

شكل رقم 6-4: رسم توضيحي لانتاج الطاقة الكهربائية في المفاعل.

في مفاعلات الماء الثقيل يستخدم الماء الثقيل بدلا من الماء العادي للتبريد والتهدئة، والماء الثقيل لا يختلف من الناحية الكيماوية عن الماء العادي، فلكليهما نفس الطعم ونفس الخواص الطبيعية، وكلاهما يتكون جزيئه من ذرتين من الهيدروجين وذرة من الاوكسجين، والفارق بينهما ان ذرة الهيدروجين في الماء الثقيل تتكون نواتها من بروتون ونيوترون ويسمى الديتيريوم (او الهيدروجين الثنائي) في حين ان نواة الهيدروجين الاحادي في الماء العادي تتكون من بروتون فقط. وهذا الفرق يعطي ميزة للهيدروجين الثنائي الموجود في الماء الثقيل في

تفاعلاتـه مـع النيوترونـات، لأنـه أقـل امتصاصـاً للنيوترونـات مـن الهيـدروجين الأحادي. ان احتمالية انشطار نواة اليورانيوم-235 تكون كبيرة بواسطة نيوترونـات ذات طاقة منخفضـة، كـما ان هـذه النيوترونـات تسـاهم في انتـاج وقـود نـووي جديـد هـو البلوتونيـوم-239 وذلـك مـن خـلال امتصـاص انويـة اليورانيـوم-238 لهـا وتحولهـا الى بلوتونيوم، وبما ان النيوترونات الناتجة من الانشطار تكون ذات طاقة عالية جدا، وجب تخفيض طاقتها بواسطة المهدئ الذي يكون في العـادة مـن مـادة ذات عـدد ذري قليـل كالهيدروجين ومن هنا اسـتخدم المـاء والجرافيـت لاحتـوائهما عـلى الهيـدروجين، وعنـد انخفاض طاقة النيوترونات للحصول على احتمالية انشـطار اعـلى، فانهـا للاسـف تصـبح عرضة لامتصاصها من الهيدروجين الأحادي نفسة فلا تـذهب لانويـة ذرات اليورانيـوم-235 لشطرها، ولا لانوية ذرات اليورانيوم-238 لانتاج البلوتونيوم، مما يقلل مـن معـدل عمليات الانشطار، ومن عمليات انتاج البلوتونيوم-239. ومـن هنـا كانـت اهميـة المـاء الثقيل نتيجـة لوجـود ذرات الهيـدروجين الثـنـائي فيـه حيـث يكـون فقـدان اليوترونـات بالامتصاص اقل وبالتالي فانه يمكن الاستفادة منهـا في المزيـد مـن انتـاج الطاقـة بزيـادة معدل الانشطار وزيادة انتاج البلوتونيوم-239 والذي يستخدم بدوره كوقود للمفاعلات او في الاسلحة النووية.

تـم انشـاء اول مفاعـل يسـتخدم المـاء الثقيـل في الولايـات المتحـدة لانتـاج البلوتونيوم-239 لاستخدامه في الأسلحة النووية عـام 1950، امـا مفـاعلات المـاء الثقيـل المستخدمة لانتاج القدرة الكهربائية فيعد مفاعل الكاندو من اشهرها، وبالرغم مـن انـه يستخدم اليورانيوم الطبيعي كوقود، ويمكنه انتاج ضعفي ما ينتجه مفاعل الماء العـادي مـن البلوتونيـوم-239، الا ان كلفتـه التشـغيليه اكـثر مـن مفاعـل المـاء العـادي بسـبب التكلفة العالية لانتاج الماء الثقيل، واذا استخدم الثوريوم كوقود

بدلا من اليورانيوم مما يؤدي إلى إنتاج اليورانيوم-233 وهو مادة انشطارية كالبلوتونيوم.

ان للكرافيت عند استخدامه كمهدئ بدلا من الماء الخفيف والثقيل ميزتان، فهو لا يمتص النيوترونات الحرارية بنفس سوية الهيدروجين الأحادي في الماء الخفيف، وهو اقل بكثير من ناحية الكلفة من الماء الثقيل، كما ان له ميزة كونه مادة صلبة تملك ثباتا ميكانيكيا يساهم في جعل تصميم قلب المفاعل أقل تعقيدا. ولأن كان مفاعل فيرمي وهو اول مفاعل عرف في تاريخ الطاقة النووية مهداً بالكرافيت ومبردا بالهواء الجوي بانتقال الحرارة بطريقة الحمل، فان العديد من المفاعلات التي بنيت في المملكة المتحدة وفرنسا استخدمت نفس المهدئ وبردت بغاز ثاني اوكسيد الكربون ومنها مفاعل وندسكيل الذي وقع به اول حوادث المفاعلات في العالم عام 1957. يستخدم مفاعل الكرافيت المبرد بالغاز كمية من الوقود تعادل خمسة اضعاف ما يستخدمه مفاعل ماء عادي بنفس القدرة، ويمتاز بارتفاع درجة حرارة قلب المفاعل الى حوالى 760 درجة مئوية بينما في مفاعلات الماء العادي تكون حول 300 درجة مئوية. يكون الوقود المستخدم في المفاعل المبرد بالغاز اوكسيد اليورانيوم او كاربيد اليورانيوم والثوريوم قليل التخصيب.

ان المفاعلات التي تم وصفها سابقا تهدف اساسا الى انتاج الطاقة الكهربائية، وان كان البلوتونيوم-239 هومنتج ثانوي، ألا أن هذا المنتج مهم جدا في توفير وقود جديد يستخدم فيما بعد بحيث يتم التغلب على النقص الممكن حصولة في الوقود الموجود في الطبيعة. وللاستفادة من ميزة انتاج البلوتونيوم تلك تم تصميم وبناء العديد من المفاعلات التي تنتج بلوتونيوم-239 او يورانيوم-233 اكثر مما تستهلكه من الوقود وسميت هذه المفاعلات بالمفاعلات المولدة. يتكون قلب المفاعل من البلوتونيوم الذي ينشطر بفعل النيوترونات ويحاط القلب بغطاء

من اليورانيوم-238 ليقتنص النيوترونات الخارجة من قلب المفاعل ليتحول الى بلوتونيوم-239..

بالاضافة الى انتاج الطاقة والبحوث وانتاج الوقود، فقد تم انشاء المفاعلات لاغراض اخرى، فقد صنعت العديد من السفن في الولايات المتحدة وبريطانيا والاتحاد السوفييتي السابق وفرنسا، والتي تتزود بالطاقة من مفاعلات نووية، فالسفينة الروسية لينين المحطمة للجليد فيها ثلاث مفاعلات بقدرة 100 مليون واط، وتعتبر حاملة الطائرات الامريكية (انتربرايز) المزودة بالطاقة من مفاعلات نووية، اكبر قطعة بحرية في العالم، فهي تحوي 8 مفاعلات.

ان من يظن ان العالم الايطالي فيرمي هو اول من بنى مفاعلا نوويا، قد يكون ظنه في غير مكانه. فقد اكتشف في منطقة اوكلو في جمهورية الغابون مفاعل نووي طبيعي، في منطقة غنية باليورانيوم، ويعتقد العلماء انه ونتيجة الامطار الغزيرة تجمعت كميات من اليورانيوم في الشقوق، ونتيجة وجود الماء الذي عمل كمهدئ للنيوترونات ووجود كمية كافية من اليورانيوم للوصول الى الكتلة الحرجة حصل تفاعل متسلسل لفترة زمنية غير طويلة. هؤلاء العلماء اكدوا فرضيتهم من خلال وجود نواتج انشطار نووي في تلك المنطقة.

الفصل السابع

اليورانيوم

اليورانيوم

اليورانيوم عنصر كيماوي يرمز له بالرمز **U** وعدده الذري 92، سمي بهذا الاسم نسبة الى كوكب اورانوس وكان قد اكتشف قبل اكتشاف اليورانيوم بثماني سنوات. اليورانيوم معدن ثقيل، سام (كيماويا)، ومشع بشكل طبيعي، وينتمي لمجموعة الاكتانيدات في الجدول الدوري. يتواجد اليورانيوم في العادة بكميات قليلة في الصخور والتربة والمياه والنباتات ويتواجد ايضا في اجساد الحيوانات والانسان. وتحتوي الاسمدة الفوسفاتية عادة كميات لا بأس بها من اليورانيوم اذ ان المادة الخام التي تصنع منها هذه الاسمدة تكون غنية نسبيا باليورانيوم.

عندما يتم تعدينه وتنقيته، فان اليورانيوم يظهر كمعدن فضي- ابيض، قابل للطرق والسحب، الين قليلا من الحديد ولكنه اكثر كثافة من الرصاص واقل كثافة من الذهب ، وهو ذو نشاط اشعاعي ضعيف. عندما يتفاعل مع الماء (في وجود الهواء) فانه يكتسي بطبقة سوداء لامعة من اوكسيد اليورانيوم. يتم استخلاص اليورانيوم من خاماته (الشكل رقم 7-1) ويحول بالمعالجة الكيميائية الى ثاني اوكسيد اليورانيوم او اي شكل كيماوي اخر قابل للاستخدام في الصناعة.

الشكل رقم 7-1: اليورانيوم الخام: المادة الاولية الرئيسية للوقود النووي.

يتواجد اليورانيوم في الطبيعة كأحد نظيرين هما اليورانيوم-238و اليورانيوم-235، والاخير اكثر اهمية لامكانية استخدامه كوقود في المفاعلات النووية، وكمادة متفجرة في القنابل النووية الانشطارية فهو النظير الانشطاري

الوحيد المتواجد في الطبيعة. اما نظير اليورانيوم-238 فاهميته تكمن في كونه يمتص النيوترونات ويتحول بعد عمليتي انحلال اشعاعي الى نظير انشطاري مهم جدا هو البلوتونيوم. ومن نظائر اليورانيوم النظير اليورانيوم-233 وهو نظير انشطاري ايضا ولكنه غير موجود في الطبيعة وينتج من تحول نظير الثوريوم-232 بعد قذفه بالنيوترونات.

كان اليورانيوم اول عنصر تكتشف فيه الخاصية الانشطارية، فعند قذفه بالنيوترونات فان نظير اليورانيوم-235 يتحول الى نظير اليورانيوم-236 لفترة قصيرة جدا (جزء واحد من الف مليون مليون جزء من الثانية) ثم تنقسم نواته مباشرة الى نواتين صغيرتين مجموع كتلتيهما يكافئ تقريبا كتلة النواة الام، وتخرج مع عملية الانقسام حوالي ثلاث نيوترونات وكمية هائلة من الطاقة هي اساس الطاقة الناتجة من التفجيرات النووية والمفاعلات النووية. اذا استغلت النيوترونات في اجراء عمليات انشطار جديدة لانوية اليورانيوم-235 ينتج ما يعرف بالتفاعل النووي المتسلسل، واذا لم تمتص هذه النيوترونات بحيث يتم تقليل معدل عمليات الانشطار فان تفجيرا نوويا سيحصل، وهذا هو المبدأ الذي تقوم عليه القنبلة الذرية. وحيث ان عملية الانشطار ومن ثم التفاعل المتسلسل يحصلان في انوية الذرات فان الاسم الحقيقي لهذه القنبلة هو القنبلة النووية وكذلك الطاقة الناتجة منهما يجب ان تسمى الطاقة النووية وليس الطاقة الذرية.

1-7 استخدامات اليورانيوم:

يتواجد اليورانيوم في الطبيعة بنسب محددة من نظائره، حيث تكون نسبة نظير اليورانيوم-235 هي سبعة اعشار بالمئة ونظيراليورانيوم-238هي 99,3% من اليورانيوم الطبيعي، تتطلب بعض الاستخدامات زيادة نسبة النظير اليورانيوم-235 الى ثلاثة او خمسة بالمئة فتنقص نسبة نظير اليورانيوم-238 في هذه الحالةالى 97 او 95 بالمئة، ويسمى الوقود في هذه الحالة وقودا مخصبا بنسبة ثلاثة بالمئة او

خمسة بالمئة، وهذا يتطلب كمية كبيرة جدا من اليورانيوم الطبيعي، ينتج اغلبها كفضلات يكون نسبة النظير -235 منخفضة الى 2 بالالف والكمية المتبقية من النظير -238، وهذه الفضلات هي ما يعرف باليورانيوم المنضب.

ان استخدام اليورانيوم بشكلة الكيماوي كأوكسيد يعود لعشرات السنين قبل الميلاد، فقد كان يستخدم لاضافة اللون الاصفر لطلاء السيراميك، غير ان اكتشافه كعنصر كيماوي يسجل للكيميائي الالماني مارتن هينريخ كلابروث(عام 1789) الذي وجد اليورانيوم كجزء من معدن البتشبلند وهو معدن اسود لامع، وتم فصله اول مرة عام 1841، واستخدم بشكل تجاري عام 1850 في صناعة الزجاج في بريطانيا، وكان ذلك قبل اكتشاف خواصه الاشعاعية بستة واربعين عاما، اذ اكتشفت من قبل الفيزيائي الفرنسي هنري بيكريل عام 1896.

ان الصفات الفيزيائية والكيميائية لليورانيوم مثل المتانة والكثافة ودرجة الغليان وكافة تفاعلاته الكيميائية لا تختلف من نظير الى آخر فالنظائر لا دور لها الا في التفاعلات النووية. فاليورانيوم المنضب له نفس صفات اليورانيوم الطبيعي من حيث المتانة والكثافة، ولكنه يعتبر كفضلات تشكل عبئا من حيث الاستخدامات النووية، لذا فقد تم استخدامه لاغراض عسكرية كدروع للدبابات وكأجزاء من الصواريخ والقذائف، كما يستخدم كاداة للتوازن في اجنحة الطائرات النفاثة والمروحيات. واليورانيوم المخصب له ايضا العديد من الاستخدامات العسكرية حيث يستخدم كوقود للسفن والغواصات الحربية، واذا كانت نسبة التخصيب مرتفعة جدا فوق ال90 بالمئة فإنه يستخدم في الاسلحة النووية. اما في الاغراض المدنية فان الاستخدام الرئيسي لليورانيوم يكون كوقود في المفاعلات النووية لانتاج الطاقة وبنسبة تخصيب تتراواح بين 2 الى 3 بالمئة في اغلب الاحيان. كما ان هناك العديد من الاستخدامات الشائعة لليورانيوم، ومنها: طلاء السيراميك، حيث تضاف كمية قليلة من اليورانيوم الطبيعي الى الطلاء، كما يضاف اليورانيوم في

صناعة الزجاج الفوسفوري الاصفر او الاخضر. ويستخدم اليورانيوم المتواجد في الصخور والاثار في تقدير اعمارها. نظير اليورانيوم- 238يستخدم كدروع للوقاية من الاشعاعات المؤينة نتيجة كثافته العالية، ويستخدم ايضا في المفاعلات المولدة لانتاج نظير البلوتونيوم-239، وهو مادة انشطارية، يمكن استخدامه كوقود للمفاعلات او مادة متفجرة في الاسلحة النووية. كما يستخدم معدن اليورانيوم في اجهزة انتاج الاشعة السينية بدلا من التنجستن.

2-7 استكشاف وتعدين اليورانيوم

بدأ استكشاف وتعدين الخامات المشعة في الولايات المتحدة الامريكية مع بداية القرن العشرين، فقد كان الراديوم، وهو احد نواتج انحلال اليورانيوم، يستخدم في طلاء الاجزاء الفوسفورية في الساعات، وفي بعض الاستخدامات الطبية. اما الحاجة الفعلية لليورانيوم فقد بدأت مع مشروع مانهاتن الذي كان يهدف لانتاج الاسلحة النووية، لذا فقد تم التعاقد لشراء خامات اليورانيوم من الكونغو، ومن كندا حيث كان لدى احدى شركاتها كمية كبيرة من اليورانيوم الناتج كفضلات من تنقية الراديوم ولم يكن لديهم اية خطة لاستغلاله، هذا بالاضافة للتعاقد مع شركات التنقيب للبحث عن اليورانيوم في الجنوب الغربي الامريكي، وقد تم تعدين كميات من اليورانيوم من كولورادو حيث كان مخلوطا مع عنصر الفاناديوم، ولتجنب اثارة اية شكوك اثناء الحرب، ادعى القائمون على المشروع ان الهدف هو شراء الفاناديوم ولم تتم الاشارة الى اليورانيوم مطلقا. وقد شرعت الحكومة الامريكية قانونا يجيز لها تملك اراضي مواطنيها اذا تبين وجود اليورانيوم فيها.

تعتبر استراليا الدولة الاكثر وفرة في مخزون اليورانيوم اذ يتوفر لديها اكثر من ربع احتياطي الكرة الارضية من اليورانيوم. ان اغلب اليورانيوم الاسترالي يصدر للخارج ولكن مع اشتراط ان يستخدم فقط في المفاعلات النووية لانتاج الطاقة

الكهربائية. اما الدولة الاولى في تصديراليورانيوم في العالم فهي كندا، حيث يتـوفر لديها احتياطي ضخم، فشركة كاميكو الكندية تعتبر اكبر منتج لليورانيوم(الاقل سـعرا في الوقت ذاته) في العالم، اذ تنتج في ثلاثـة منـاجم تشـغلها حـوالي 18 بالمئـة مـن الانتـاج العالمي لليورانيوم.

كانت فترة الخمسينات من القرن الماضي فترة مهمة جدا في سعى القوى العظمى للحصول على اليورانيوم، ولكن المتطلبات العسكرية بدأت بالانخفاض في السـتينات مـن القرن ذاته، وفي السبعينات برزت المفاعلات النووية التجارية، المستخدمة لاغراض انتـاج الطاقة الكهربائية، كمستهلك رئيسي لليورانيوم في العالم. وقد كان لحادث جزيرة الاميال الثلاث في الولايات المتحدة عام 1979 دور كبير في وقف تطوير مفاعلات نووية جديـدة في الولايات المتحدة. اما في اوروبا فقد الوضع كان مختلطا، فالقدرات النووية الاوروبيـة طورت بشكل كبير في بريطانيا وفرنسا والمانيا واسـبانيا والسـويد وسويسرا بالاضـافة الى دول اوروبا الشرقية الحليفة للاتحاد السوفييتي السابق، وكانت هذه الدول تعتمد عـلى الطاقة النووية الى حد بعيد رغم المعارضة الشعبية في دول اوروبا الغربيـة، خاصـة بعـد حادث تشرنوبل، الذي حصل عام 1986 في أوكرانيا الجمهورية السوفيتية السابقة، حيث تم ايقاف تطوير محطات نووية جديدة في اغلب هـذه الـدول، وفي ايطاليـا تـم ايقـاف محطات الطاقة النووية عبر تصويت المواطنين الايطاليين عام 1987. ويستثنى من ذلـك فرنسا وسويسرا حيث استمر استخدام الطاقة النووية فيهما بشكل اعتيادي.

بلغ سعر الباوند الواحـد مـن اوكسـيد اليورانيـوم (U_3O_8، يشـكل ثلثـي الكعكـة الصفراء تقريبا(الشكل رقم 7-2) 33 دولارا امريكيا عام 1981، ونـزل الى 13 دولارا عـام 1990 ووصل الى اقل من عشرة دولارت عام 2000. اما في السبعينيات من القرن المـاضي فقد كانت اكثر من ذلك بكثير، اذ بلغت 43 دولارا للباونـد الواحـد لليورانيـوم الاسـترالي عام 1978. كانت اسعار عام 2001 ادنى

اسعار لليورانيوم في تاريخ استخدامه كوقود نووي، اذ بلغت 7 دولارات للباوند الواحد، ولكن الاسعار سرعان ما عاودت الارتفاع حيث سعر بيعه الحالي 35 دولارا للباوند مع استمرار صعود السعر بشكل سريع. وهذا الارتفاع في الاسعار دفع الى البحث عن اماكن تعدين جديدة او فتح المناجم القديمة واعادة الاستفادة منها.

الشكل رقم 7-2: الكعكة الصفراء

7-3 تخصيب اليورانيوم

يتواجد اليورانيوم في الطبيعة بنسب محددة من نظائره، حيث تكون نسبة نظير اليورانيوم-235 سبعة اعشار بالمئة ونظيراليورانيوم-238بنسبة 99,3% من اليورانيوم الطبيعي كما يتواجد نظير اليورانيوم-234 بنسبة ضئيلة جدا. واليورانيوم-235 اكثرها اهمية لامكانية استخدامه كوقود في المفاعلات النووية، وكمادة متفجرة في القنابل النووية الانشطارية فهو النظير الانشطاري الوحيد المتواجد في الطبيعة. اما نظير اليورانيوم-238 فاهميته تكمن في كونه يمتص النيوترونات ويتحول بعد عمليتي انحلال اشعاعي الى نظير انشطاري مهم جدا الا وهو البلوتونيوم. ومن نظائر اليورانيوم النظير اليورانيوم-233 وهو نظير انشطاري ايضا ولكنه غير موجود في الطبيعة وينتج من تحول نظير الثوريوم-232 بعد قذفه

بالنيوترونـات. وجميـع نظـائر اليورانيـوم نشـطة اشـعاعيا ولكـن اكثرهـا مـيلا للاستقرار هو النظير 238 اذ يبلـغ عمـر النصـف لـه 4,5 الـف مليـون سـنة بيـنما عمـر النصف لليورانيوم 235 هو سبعماية مليون سنة ولليورانيوم 234مئتـان وخمسـين الـف سنة.

تتطلب بعض الاستخدامات زيادة نسبة النظـير اليورانيـوم-235 الى نسـبة مئويـة اعلى من النسبة الطبيعية الا وهي سبعة اعشار بالمئة، ويتم ذلك من خلال عملية فصل للنظائر الثلاث الطبيعية لليورانيوم، وعمليـة الفصـل هـذه تسـمى بعمليـة التخصـيب، وتتطلـب عمليـة التخصـيب كميـة كبـيرة جـدا مـن اليورانيـوم الطبيعـي، ينـتج اغلبهـا كفضلات يكون نسبة النظير -235 منخفضة الى ما دون النسبة المئوية الطبيعية (سـبعة اعشار بالمئة) حيث تتراوح عادة بين عُشرَين الى ثلاثة اعشار بالمئة، والكمية المتبقية من النظير -238، وهذه الفضلات هـي مـا يعـرف بـاليورانيوم المنضـب لانـه تـم انضـابة او تفريغه من محتواه الطبيعي من النظير 235. وبمقارنة نسب النظير 235 بين اليورانيـوم الطبيعـي والمنضـب نجـد ان الكميـة المستخلصـة مـن اليورانيـوم الطبيعـي لاغـراض التخصيب تشكل حوالي ستين الى سبعين بالمئة من الكمية النظير 235.

بعد استخراج اليورانيوم الخام من مواقعـه يـتم معالجتـه وطحنـه الى جسـيمات متماثلة في الحجم والشكل، ومن ثم يعالج بالمواد الكيماوية لاسـتخلاص اليورانيـوم مـن المادة الخام. وتنتج عملية الطحـن والمعالجـة مـا يعـرف عـادة بالكعكـة الصـفراء التـي أخذت هذا الاسم من لونها الأصفر نتيجة لوجود تراكيز عالية مـن اليورانيـوم فيهـا. امـا من الناحية الكيميائية فانها تتكون من اكاسيد اليورانيوم المختلفة حيـث يشـكل U_3O_8 وهو اكثر اكاسيد اليورانيوم استقرارا حوالي ثلثي الكعكة الصـفراء بيـنما تشـكل , UO_2 UO_3 عادة الثلث الثالث منها.

تحول الكعكة الصفراء الى رباعي فلوريد اليورانيوم المعروف بالملح الاخضرـ ومـن ثم يحول الى سداسي فلوريد اليورانيوم وهو الشكل الكيميائي المطلوب

لاغلب منشآت التخصيب المستخدمة حاليا، ويستخدم تحديدا في عمليتي التخصيب بالانتشار الغازي والطرد المركزي. ويمتاز سداسي فلوريد اليورانيوم وهو عبارة عن مادة صلبة بيضاء بكونه صلبا في درجة حرارة الغرفة ولكن عند درجات حرارة مرتفعة قليلا، بحدود 57 درجة مئوية، فانه سرعان ما يتحول الى حالته الغازية. واليورانيوم في الكعكة الصفراء و سداسي فلوريد اليورانيوم يكون طبيعيا غير مخصب بالطبع.

ان نسبة النظير 235 في اليورانيوم الطبيعي اقل من تلك اللازمة لانشاء تفاعل متسلسل واستمراره بشكل دائم، لذا فان من الضروري زيادة هذه النسبة من خلال عملية التخصيب. ويكون اليورانيوم الطبيعي ضمن المركب سداسي فلوريد اليورانيوم حيث يتم ادخاله ضمن احدى عمليات فصل النظائر بهدف تخصيبه اي زيادة نسبة النظير 235 عن النسبة الطبيعية. من اشهر عمليات او طرق فصل النظائر عملية الانتشار الغازي (الشكل رقم7-3) وعملية الطرد المركزي الغازي (الشكل رقم7-4)، حيث يتم تسخين سداسي فلوريد اليورانيوم الى درجة حرارة ليتحول الى الحالة الغازية ويمرر تحت ضغط مرتفع في سلسلة من حواجز الانتشار وهي عبارة عن اغشية شبه منفذة تسمح لجزيئات سداسي فلوريد اليورانيوم التي تحوي النظير 235 للمرور بشكل اسرع من الجزيئات التي تحوي النظير 238، والجزيئات الاخيرة اثقل من الاولى. بتطبيق عملية الفصل وتكرارها عبر عدد كبير من مراحل الانتشار ينتج لدينا مجريان يحوي احدهما تراكيز اكبر من جزيئات سداسي فلوريد اليورانيوم الذي يشكل جزيئاته النظير 235 والمجرى الاخر لجزيئات تحوي في الاغلب النظير 238. تكون نسبة او كمية اليورانيوم المخصب في عملية الانتشار الغازي منخفضة مما يجعل هذه العملية مكلفة جدا لاحتياجها لكميات كبيرة من الطاقة الكهربائية. اما عملية الطرد المركزي الغازية فان تكلفتها قليلة نسبيا وان كانت بعض تجهيزاتها باهظة الثمن.

تم تطوير العديد من عمليات التخصيب (او فصل النظائر) منها الفصل بالليزر، وهي تمتاز بامكانية الحصول على كفاءة تخصيب اعلى بكثير من عمليتي الانتشار والطرد المركزي. بالاضافة الى ما سبق فان هناك العديد من طرق الفصل الكيميائية والكهرومغناطيسية والديناميكية الهوائية.

بعد عملية التخصيب يشكل الجزء الذي يحوي النظير 238 قد تزيد عن خمسة وتسعين بالمئة من الكمية الاصلية من سداسي فلوريد اليورانيوم وهذه الكمية تشكل اليورانيوم المنضب.

4-7 درجات التخصيب:

اليورانيوم عالي التخصيب: وتصل فيه نسبة نظير اليورانيوم 235 الى ما يزيد عن عشرين بالمئة. عند استخدام اليورانيوم في الاسلحة النووية تصل نسبة التخصيب الى خمسة وثمانين بالمئة او يزيد، وكذلك الحال في الغواصات النووية حيث تتجاوز نسب التخصيب خمسين بالمئة. كما ان نسب التخصيب قد تصل في بعض انواع المفاعلات البحثية الى تسعين بالمئة، وبعد حرب الخليج في بداية تسعينات القرن الماضي طلبت الوكالة الدولية للطاقة الذرية من دول العالم التي لديها نسب تخصيب مرتفعة الى تخفيضها الى عشرين بالمئة.

اليورانيوم منخفض التخصيب: وفيه تصل نسبة التخصيب الى ما دون العشرين بالمئة، وهو يستخدم في مفاعلات الماء العادي التجارية، اكثر المفاعلات التجارية شيوعا في العالم وتكون نسبة التخصيب المعتادة فيها بين 3 و 5 بالمئة. كما تستخدم بعض المفاعلات البحثية يورانيوم بنسبة تخصيب تتراوح بين 12 و 19 بالمئة.

اليورانيوم ضئيل التخصيب: وفيه تتراوح نسبة التخصيب بين تسعة اعشار واثنين بالمئة، وهو بديل لليورانيوم الطبيعي الذي يستخدم في بعض انواع المفاعلات

حيث يؤدي استخدام اليورانيوم ضئيل التخصيب الى تقليل كمية الوقود وحجم قلب المفاعل وبالتالي تكلفة معالجة الفضلات النووية الناتجة من المفاعل.

بعد تخصيب اليورانيوم الذي يكون جزءاً من سداسي فلوريد اليورانيوم، يحول الاخير الى ثاني اوكسيد اليورانيوم ويكون على شكل مسحوق، ليتم تصنيعه الى قطع صغيرة، توضع هذه القطع في فرن بدرجة حرارة مرتفعة وتلبد لتشكل قطع سيراميكية شديدة التماسك من اليورانيوم المخصب. تخرط هذه القطع وتصقل بحيث تصبح اسطوانية الشكل للحصول على قطع متماثلة في الحجم يكون كل من ارتفاعها وقطرها بحدود سنتيمتر واحد، وترتب داخل انابيب مصنوعة من سبائك معدنية غير قابلة للصدأ والتآكل، وتعتبر سبائك الزركونيوم من اشهرها. تغلق الانابيب التي تحوي قطع الوقود باحكام وتشكل ما يعرف بقضبان الوقود. تجمع قضبان الوقود في حزم وتجمع الحزم في تشكيل يعرف بمنظومة الوقود وذلك حسب تصميم المفاعل.

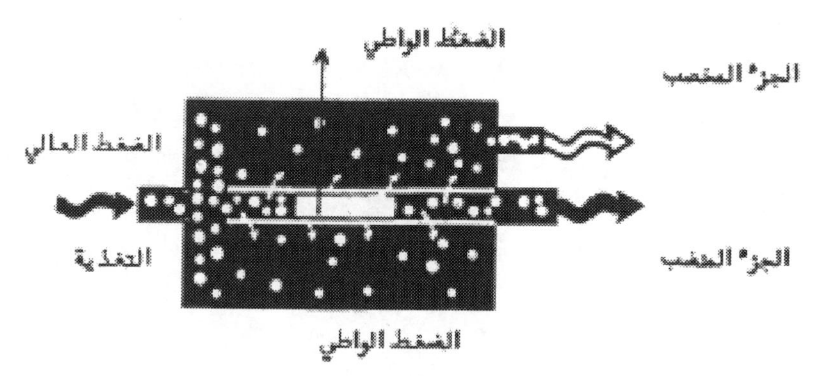

الشكل رقم7-3: مخطط لعملية الانتشار الغازي

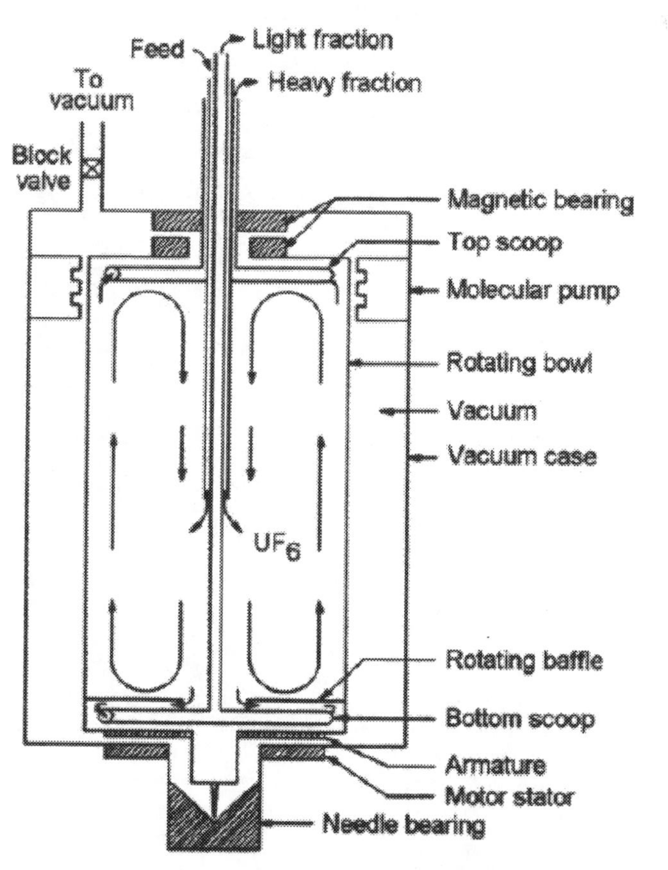

الشكل رقم7-4: مخطط لجهاز الطرد المكزي الغازي

5-7 معالجة الوقود المستهلك

عند تشغيل المفاعل النووي فإن عملية الانشطار النووي وهي مصدر الطاقة في المفاعل تستهلك جزءاً من الوقود الموجود في عدد كبير من قضبان الوقود التي تحوي المادة الانشطارية كاليورانيوم والتي تشكل في مجملها بالاضافة الى قضبان السيطرة ومواد التهدئة والتبريد ما يعرف بقلب المفاعل. ويتطلب استهلاك الوقود تغيير قضبان الوقود بشكل دوري حيث يتم اطفاء المفاعل واستبدال جزء من قضبان الوقود المستهلك (ربع او ثلث عدد القضبان تقريبا) بقضبان جديدة، وبعد مدة زمنية يستبدل جزءاً آخر وهكذا. ومن المفيد التذكير هنا ان اليورانيوم المستهلك غير اليورانيوم المنضب، فالاول ناتج من استهلاك (حرق) اليورانيوم في المفاعل نتيجة توليد الطاقة في عملية الانشطار النووي، اما الاخر فهو ناتج من عملية فصل المكونات الطبيعية من النظائر المكونة لليورانيوم الطبيعي قبل تصنيع الوقود وقبل دخوله للمفاعل كوقود.

عند إزالة قضبان الوقود المستهلك من قلب المفاعل، فانها تخزن في مواقع خاصة لحين اعادة معالجتها، وهذا التخزين يكون عادة في الماء الذي يبرد قضبان الوقود من الحرارة الناتجة من الانحلال الاشعاعي للمواد المشعة الموجودة كما يشكل الماء درعا اشعاعيا للحماية من الاشعاع المنبعث من الانحلال الاشعاعي لتلك المواد (الشكل 5-7). بعد فترة تخزين مناسبة في الماء والتحقق من انخفاض المستوى الاشعاعي ودرجة حرارة قضبان الوقود يتم نقلها الى مكان تخزين جاف.

ان قضبان الوقود المستهلك المزالة من المفاعل لا يكون محتواها من الوقود مستهلكا بشكل كامل، فما يستهلك من اليورانيوم-235 لانتاج مليون واط من الطاقة يوميا يكون تقريبا 1,3 غرام، ينشطر منها 1,1 غرام فقط هي المسؤولة عن انتاج هذه الطاقة، ونتائج الانشطار هذه تكون مشعة ومنها ما يكون ماصا للنيوترونات مما يجعلها منافسا لانوية اليورانيوم في استهلاك النيوترونات فتنقص

احتمالية انشطار انوية ذرات اليورانيوم وبالتالي تتناقص فعالية انتاج الطاقة مما يتطلب ازالة نواتج الانشطار هذه من قضبان الوقود وفصلها عن اليورانيوم المتبقي لاعادة استخدامه من جديد. بالاضافة الى نواتج الانشطار فان العديد من المواد الجديدة والمشعة تتواجد ايضا داخل قضبان الوقود، ومصدر هذه المواد هو نظير اليورانيوم 238 الذي يقتنص النيوترونات فيتحول الى نظائر جديده منها البلوتونيوم-239 وهو مادة انشطارية ممتازة تستخدم كوقود في المفاعلات او مادة انفجارية للقنابل النووية، ونظائر اخرى للبلوتونيوم وعناصر كيماوية اخرى (غير موجودة في الطبيعة) ولكون عددها الذري اكبر من العدد الذري لليورانيوم تسمى هذه النظائر جميعها (بما فيها نظائر البلوتونيوم) عناصرما فوق اليورانيوم. كما ان النيوترونات الناتجة من الانشطار قد تحول عددا من النظائر غير المشعة الموجودة داخل قلب المفاعل كمواد التبريد والتهدئة والسيطرة واغلفة قضبان الوقود الى نظائر مشعة. لذا فانه تجري عملية فصل الكم الهائل من المكونات المشعة عن بعضها بحيث يتم فصل اليورانيوم الذي لم يستهلك، او البلوتونيوم-239 لاستخدامها في المفاعل او للاسلحة النووية، وفصل بعض المكونات من عناصر ما فوق اليورانيوم لاستخدامها لاغراض صناعية وبحثية وطبية مختلفة، اما نواتج الانشطار واغلفة قضبان الوقود والمواد المشعة الاخرى فيتم فصلها الى مجموعات حسب مستواها الاشعاعي لتشكل في مجملها ما يعرف بالنفايات او الفضلات النووية. ان عملية الفصل المذكورة اعلاه هي الجزء الخلفي او الطرف الثاني من دورة الوقود والتي تعرف ايضا بعملية اعادة المعالجة.

عند ازالة قضبان الوقود المستهلك من قلب المفاعل تكون ذات نشاط اشعاعي كبير ودرجة حرارة مرتفعة جدا، لذا فانها تنقل الى مكان للتخزين المؤقت الذي يستمر لفترة زمنية تتراوح بين عدة اشهر وعدة سنوات وذلك بهدف تبريدها وتخفيض مستوى الاشعاع فيها. ويكون النقل في حاويات مناسبة لحماية العاملين

والبيئة وعامة الناس من اخطار تسرب هذه المواد، كما تضاف انابيب من البورون لامتصاص النيوترونات حتى لا تحصل انشطارات بمعدلات كبيرة تؤدي الى انفجار الوقود، ودرع اشعاعي من مادة ثقيلة كالرصاص لمنع نفاذ اشعة جاما الى خارج الحاوية، بالاضافة الى الماء كوسيلة تبريد ودرع للوقاية من الاشعاعات.

تكون الخطوة الفعلية الاولى في عملية المعالجة بقص قضبان الوقود الى قطع صغيرة بطول 3 سنتيميتر تقريبا، وتوضع القطع في اوان تحوي مادة مذيبة قوية وهي حامض النيتريك المركز الذي يذيب اوكسيد اليورانيوم ولكنه لا يذيب اغلفة الوقود ولا يذيب تكتلات نواتج الانشطار النووي، يوخذ المحلول السائل الذي يتكون من اليورانيوم غير المستهلك وعناصر ما فوق اليورانيوم ونواتج الانشطار لاجراء عملية استخلاص المواد المذابة او عملية التصفية.

تستعمل في عملية التصفية مادة مذيبة من مركب عضوي هو فوسفات البيوتيك الثلاثي مخففا بمذيب هيدروكربوني كالكيروسين. يتم انسياب المحلول السائل والمواد العضوية على شكل تيارات باتجاهات متعاكسة داخل وعاء يحتوي على عدد كبير من الصفائح في كل منها العديد من الثقوب. الاهتزاز الميكانيكي للصفائح يسمح للسوائل بالمرور خلال الثقوب باقصى درجة من التلامس اثناء ارتفاع مركبات السائل الخفيفة الى الاعلى ونزول المركبات الثقيلة الى الاسفل، فينفصل اليورانيوم عن البلوتونيوم الذي ينفصل عن عناصر فوق اليورانيوم التي تنفصل بدورها عن نواتج الانشطار.

يكون اليورانيوم الناتج من عملية التصفية مخصبا اي يحتوي كمية اكبر من النظير 235 اكثر مما يحتوي اليورانيوم الطبيعي ولكن دون القيمة المطلوبة للاستخدام فيتم اعادة تخصيبه او ترفع نسبة تخصيبه الى الحدود المناسبة للاستخدام ويصنع على شكل وقود من جديد. اما البلوتونيوم فيتم تحويله الى اوكسيد ويصنع كوقود، مع الاشارة هنا الى ان للبلوتونيوم سام كيميائيا بشكل كبير لدرجة ان جزءاً

واحدا من مليون جزء من الغرام كفيلة بقتل انسان مما يتطلب اجراءات وقائية فعالة لحماية العاملين من مخاطر التعامل مع هذا العنصر. يمكن اضافة مواد كيماوية اضافية لاستخلاص بعض عناصر فوق اليورانيوم كالامريشيوم والكوريوم والتي تستخدم في العديد من الاغراض الصناعية والبحثية والطبية، كما ان استخلاصها يقلل من حجم الفضلات المشعة التي تطلق اشعة الفا مما يساهم في التخفيف من مشكلة الفضلات النووية بشكل عام.

من المواضيع المهمة التي يجب ان تولى اهتماما خاصا موضوع الغازات المشعة المنبعثة اثناء عملية اعادة المعالجة. هذه الغازات هي التريتيوم(او الهيدروجين الثلاثي) ونصف عمره حوالى 12 عاما وينتج من انشطار بعض انوية الوقود عرضيا الى ثلاثة انوية بدلا من اثنتين وفي هذه الحالة يكون التريتيوم احد هذه المنتجات. وحيث ان التركيز الاقصى المسموح تواجده في بيئة العمل يكون كبيرا جدا نتيجة لحسابات الوقاية الاشعاعية فان الخطر المرافق لهذا الغاز يمكن اعتباره خطرا ضئيلا. اما الغاز الثاني فهو غاز اليود (نظير اليود-131)، ويمكن السيطرة على هذا الغاز بتخزينة لفترة زمنية تزيد عن عشرة اعمار نصف (الذي يبلغ ثمانية ايام فقط) اي حوالى 80 يوما فيتناقص نشاطه الاشعاعي بشكل كبير. اما الغاز الثالث وهو غاز الكربتون (نظير الكربتون-85) فانه يمثل المشكلة الاكبر اذ انه غاز خامل من الناحية الكيماوية فلا يمكنه التفاعل مع غيره من العناصر الكيماوية للسيطرة عليه، وعمره النصفي يزيد على العشر سنوات وبالتالي فانه يحتاج لفترة طويلة حتى ينحل اشعاعيا ولا يمكن حجز عنصر الوقود لهذه الفترة. وقد اقترحت طريقتان للتخفيف من اثاره، الاولى بتسريبه الى البيئة من خلال مداخن طويلة تنقله الى الهواء الجوي فينتشر الكربتون فيه ويقل تركيزه، والثانية ان يتم امتصاصه عند درجات حرارة منخفضة في مواد مسامية كالفحم النباتي.

ان عملية اعادة معالجة الوقود المستهلك قد يتوفر لها العديد من الخيارات والبدائل من حيث طريقة الفصل او انواع المواد الكيميائية المضافة وذلك حسب طبيعة عملية المعالجة ككل وعملية الفصل المطلوبة، بالاضافة الى نوع الوقود او النظائر المراد استخلاصها من عنصر الوقود المستهلك. اما النفايات او الفضلات النووية فانها تمثل بذاتها خطا منفصلا من حيث تقنيات المعالجة او طريقة الادارة وذلك لما تمثله هذه الفضلات من مشكلة بيئية يراد ادارتها بانجع الوسائل واكثرها امانا.

الشكل 7-5: التخزين المؤقت لقضبان الوقود قبل اعادة المعالجة

الشكل 7-6: محطة اعادة المعالجة

الفصل الثامن

الأسلحة النووية

الأسلحة النووية

تتحول الطاقة الناتجة من تفاعلات الانشطار النووي او الاندماج النووي غير المسيطر عليهما في الاسلحة النووية الى طاقة تدميرية كبيرة.ولأن كانت بداية العلوم النووية مع نهايات القرن التاسع عشر، الا ان عصر الاسلحة النووية ابتدأ بشكله العملي بانتاج اول قنبلة نووية انشطارية امريكية(الشكل رقم 8-1) وتجريبها في السادس عشر- من تموز عام 1945وكانت بقوة 19 كيلوطن، اي ان قوتها الانفجارية تعادل قوة 19 الف طن من مادة TNT شديدة الانفجار, وتلاه بعد ذلك اجراء العديد من التجارب النووية ثم سباق التسلح النووي و الحرب الباردة واتفاقيات منع انتشار الاسلحة النووية واخيرا ما تم ابتداعة في بداية هذا القرن وهو الارهاب واحتمالية استخدام الاسلحة النووية في هذا المجال.

الشكل رقم 8-1: اول قنبلة نووية امريكية، وقد جهزت لاجراء اول اختبار نووي تجريبي، وقد مثلت حجر الاساس في تصميم القنابل النووية المستقبلية رغم كبر حجمها وضآلة فعاليتها

8-1 التأثيرات المباشرة

يحصل التفجير النووي نتيجة انطلاق كميات كبيرة من الطاقة من التفاعل المتسلسل غير المسيطر عليه، وبشكل سريع جدا. اما التفاعل النووي المنتج لهذه الطاقة فهو اما انشطار نووي او اندماج نووي، او سلسلة متعددة المراحل من

ازدواج الانشطار والاندماج. عندما يكون التفجير النـووي فـوق سـطح الارض او الماء يترافق التفجير عادة مع غيمة على شكل فطر المشروم (الشكل رقم 8-2)، رغـم ان من الممكن حصول العصف الجوي الناتج من التفجير بدون حصول الغيمـة المشرـومية. تنتج التفجيرات النووية كميات كبيرة من الاشعاع والمخلفات المشعة.

منذ بداية العصر- النـووي تـم تفجـير حـوالي 2090 قنبلـة نوويـة، اثنتـان مـنهما استخدمتا ضد البشر في حـرب حقيقيـة وهـما اللتـان القيتـا عـلى هيروشـيما وناجـازاكي، وحوالي 2000 قنبلة نووية فجرت في اختبارات الاسلحة النووية، و سلاسل من التفجيرات اجريـت لاغـراض سـلمية منهـا 27 في الولايـات المتحـدة و 156 في الاتحـاد السـوفييتي السابق.

الشكل رقم 8-2: غيمة مشرومية الشكل ناتجة من القنبلة النووية التي القيت على هيروشيما عام 1945، بلغ ارتفاعها 18 كيلومترا فوق النقطة من سطح الارض الواقعة تماما تحت مركز الانفجار.

يمكن ان تنقسم كمية الطاقة الناتجة من التفجير النووي الى اربعة اقسام رئيسية:

1- العصف او الاثر الميكانيكي، ويشكل من 40 الى 60 بالمئة.
2- الحرارة التي تشكل من 30 الى 50 بالمئة.
3- الاشعاع المباشر ويشكل 5 بالمئة،
4- الاشعاع المتأخر من تحلل نواتج الانشطار ويشكل 5 الى 10 بالمئة. علما ان القيم المذكورة اعلاه قيم غير ثابته ولا يوجد حد فاصل دقيق بين توزيعات الطاقة المختلفة بينما يعتمد على نوع القنبلة والبيئة التي فجرت فيها من حيث الظروف الجوية وطبيعة الارض، ويتحدد التوزيع من خلال مقدار الاشعة السينية الاولية التي تخرج في المرحلة الاولى للتفجير. وبشكل عام فانه كلما زادت كثافة الوسط الذي يحيط القنبلة فانه سوف يمتص كمية اكبر من الاشعة السينية مما يؤدي الى تشكيل عصف اعلى فعالية. ويتناقص تأثير العصف والاشعاع الحراري بشكل كبير كلما ابتعدنا عن مركز التفجير. للعصف والحرارة وهما التأثيران الاساسيان في التفجير النووي نفس اليات التدمير للمتفجرات التقليدية ولكن كمية الطاقة الناتجة من التفجير النووي اكبر بملايين المرات حيث تبلغ درجة الحرارة مئة مليون درجة مئوية، وبالتالي فان الاثار الناتجة تكون كبيرة جدا.

8-1-1 التدمير الناتج من العصف:

تكون الطاقة المنطلقة من التفجير في البداية على شكل اشعة جاما ونيوترونات، تتفاعل مع الوسط المحيط بها من هواء او ماء او صخور مما يؤدي الى رفع درجة حرارته الى ملايين الدرجات المئوية وتحويله الى بخار ذي ضغط مرتفع جدا في خلال جزء من مليون جزء من الثانية . تؤدي درجات الحرارة والضغط المرتفعين الى دفع البخار الى خارج منطقة الانفجار بشكل قطري، ويشكل البخار

طبقة رقيقة ولكن ذات كثافة عالية تسمى الجبهة الهيدروداينامكية، تعمل عمل الكابس او البيستون الذي يقوم بدفع وضغط الوسط المحيط به مشكلا موجة صدمة كروية الشكل تتوسع بشكل مستمر. في بداية التفجير تكون موجة الصدمة داخل كرة النار المتنامية والتي تنشأ ضمن حجم من الهواء بسبب الاشعة السينية المتولدة من حرارة الوسط المرتفعة. وخلال اجزاء من الثانية فان جبهة موجة الصدمة تحجب كرة النار مؤدية الى نبضة ضوئية مزدوجة تميز التفجير النووي ويمكن ان تسبب العمى المؤقت لمن ينظر اليها.

ان العصف هو المسبب لاغلب الدمار الناتج من التفجير النووي، حيث تعاني اغلب المباني من دمار متوسط الى حاد عند تعرضها لضغط يصل الى 35 كيلوباسكال، ويستثنى من ذلك طبعا المباني المسلحة او تلك المقاومة للزلازل. تصل سرعة رياح العصف الى مئات الكيلومترات في الساعة. يعتمد أثر العصف على ارتفاع مركز التفجير، فاذا كان مركز التفجير عند سطح الارض يكون للعصف تأثير معين يزداد كلما كان ارتفع مركز التفجير، لنصل الى الارتفاع الانسب لاحداث العصف الاكثر فعالية، او الارتفاع المثالي لمركز التفجير، وبازدياد ارتفاع مركز التفجير عن الارتفاع المثالي يتناقص اثر العصف. تؤثر ظروف الجو من درجة حرارة وسرعة رياح رطوبة على اثر العصف، بالاضافة الى طبيعة الارض التي تعكس موجة العصف المتجهة اليها من مركز التفجير. في ظروف التفجير المثالية حيث يكون معدل الضغط الناتج عن التفجير 35الى 140 كيلوباسكال فان قنبلة نووية بقدرة ا كيلوطن تؤدي الى تدمير شامل لمسافة 700 متر، ولقنبلة بقدرة 100 كيلوطن فتبلغ المسافة 3200 متر، بينما لقنبلة بقدرة 10 مليون طن فتكون بحدود 15كم.

يمكن تمييز ظاهرتين آنيتين مرافقتين لموجة العصف في الهواء:

الاولى: الضغط المرتفع السكوني، حيث تحصل زيادة حادة في الضغط بسبب موجة الصدمة. يزداد هذا الضغط مباشرة بازدياد كثافة الهواء في الموجة.

الثانية: الضغط المتحرك، عملية شفط من رياح العصف التي ستشكل موجة العصف. هذه الرياح كما الاعصار تسبب دمار كل شيئ تمر به. ان طاقة عملية الشفط هذه تتناسب مع مكعب سرعة رياح العصف مضروبة بزمن استمراها ويمكن لسرعة رياح العصف ان تصل الى عدة مئات من الكيلومترات في الساعة.

ان اغلب الدمار الناتج من التفجير النووي سببه الضغط المرتفع السكوني المرتفع ورياح العصف، فالضغط الكبير لموجة العصف يسبب اضعاف المباني والمنشآت ثم تقوم رياح العصف بالاطاحة بها وتدميرها. ان مراحل الضغط والتفريغ والشفط كلها لا تستغرق سوى فترة زمنية تبلغ بضع ثوان فقط، ولكن قوة تدميرها تتجاوز اقوى الاعاصير بمرات عديدة ولكن في منطقة محدودة.

عند تأثير امواج الصدمة على جسم الانسان فانها تسبب امواج ضغط داخل الانسجة، تدمر هذه الامواج في الغالب الوصلات التي تربط الانسجة مختلفة الكثافة كالعظام والعضلات، او السطح البيني بين النسيج والهواء. الاعضاء التي تتضرر بشكل محدد هي الاعضاء التي تحوي الهواء كالرئتين والامعاء، وهذا الضرر يسبب نزيفا حادا او انسداد الاوعية الدموية بسبب الهواء وكلا الحالين يؤديان الى الموت السريع. يقدر الضغط المرتفع الذي قد يؤدي الى تدمير الرئتين بحوالى 70 كيلوباسكال، بينما يؤدي ضغط مقداره 22 كيلو باسكال الى تمزق طبلة الاذن لدى بعض الاشخاص، اما اذا زادت قيمة الضغط عن 90 كيلوباسكال فان نصف الموجودين تحت هذا الضغط تمزق طبلات اذانهم.

2-1-8 الاثار الحرارية

تطلق الاسلحة النووية عند انفجارها كميات هائلة من الاشعاع الكهرومغناطيسي، كضوء مرئي واشعة تحت حمراء(حرارة) واشعة فوق بنفسجية مما يسبب حروقا واضرار للعين لمن يتعرض لهذه الاشعاع. ونتيجة لشدة هذا الاشعاع فانه يمكن ان يسبب اشتعال النيران في المناطق التي دمرها العصف.

يمكن للاشعاع الحراري الناتج من الاسلحة النووية ان يتسبب للعين بنوعين من الاضرار:

1- العمى الذي تسببه الومضة الاولية من الضوء الناتج عن الانفجار، اذ تتلقى شبكية العين كمية من الطاقة الضوئية تفوق قدرتها على التحمل، ولكنها اقل من ان تتسبب بضرر لا يمكن شفاؤه. ان شبكية العين حساسة للضوء المرئي والجزء الاعلى طاقة من الاشعة تحت الحمراء وهو ما تستطيع عدسة العين تركيزه على الشبكية من الطيف الكهرومغناطيسي. ان كمية الضوء الساقطة على العين تسبب تبييضا للملونات الضوئية وعمى مؤقتا لمدة قد تصل الى اربعين دقيقة.

2- عندما يكون الشخص في موقع قريب بحيث تكون كرة النار في مجال رؤيته المباشر، فان تركيز العدسة للطاقة الحرارية المباشرة من كرة النار على الشبكية يسبب حرق الشبكية الذي يؤدي الى ضرر دائم. ترتبط درجة الحرق بحجم كرة النار وطاقة القنبلة، واذا كان الحرق في مركز مجال الرؤية فانه يكون اكثر اضعافا للرؤية. وبشكل عام فان ما يحصل عادة هو عيب ضئيل في مجال الرؤية.

ان صفات الضوء (وكذلك الاشعاع الحراري) مهمة في تحديد مقدار الضرر الذي يصيب الشخص المتعرض له، فالضوء يسير في خطوط مستقيمة منطلقا من كرة النار، واذا صادف اي عائق امامه فانه يرتد او بنحرف عن مساره، لذا فان وجود اي حاجز يساعد الانسان على الاختفاء من التعرض المباشر لكرة النار يكون له اثر كبير في تخفيف الاضرار التي قد تصيبه الى حد بعيد، وحتى وجود

الضباب والغيوم المنخفضة تساعد الى حد ما في وقاية الناس من الاضرار، لذا فان اثر التفجير يخضع لمؤثرات قد لا يملكها المسيطر على السلاح النووي.

عندما يسقط الضوء او الاشعاع الحراري فان جزءا منه يمتص من قبل المادة التي يسقط عليها وجزء ينعكس وثالث ينفذ منها. وتعتمد القسمة السابقة على نوع المادة ولونها، فالاجسام فاتحة اللون تعكس الاشعاع اكثر مما تمتص، والاجسام الرقيقة تنفذ الاشعاع اكثر مما تمتص، مما يقلل من خطر ارتفاع درجة حرارتها وبالتالي تقليل احتمالية احتراقها ودمارها. اما الاجسام القاتمة والاجسام الكثيفة او السميكة فانها تمتص كمية اكبر من الاشعاع الحراري فترتفع درجة حرارتها مما يسبب احتراقها والاجسام القريبة منها. يعتمد احتراق المواد على طول فترة النبضة الحرارية وسماكة المادة وكمية الماء الموجودة فيها. قرب نقطة التفجير يحترق تقريبا كل شيء اما في نقاط ابعد فلا تحترق الا المواد القابلة للاشتعال مثل الورق والاخشاب والمواد البلاستيكية، فلقنبلة نووية طاقتها 10 كيلوطن يكون معدل الطاقة الحرارية حوالى 38 جول لكل سنتيمتر مربع عند نقطة تبعد 1600 افقياعن مركز التفجير، وللمقارنة فان الورق وانسجة جسم الانسان تحتاج من 30 الى 60 جول لكل سنتيمتر مربع حتى تحترق.

بعد تفجير هيروشيما ب 20 دقيقة اشتعلت نار عظيمة، واندفعت رياح هوجاء باتجاه مركز الحريق من كافة الاتجاهات، واندفاع الرياح، وهي غير رياح العصف، ظاهرة غير مرتبطة فقط بالانفجارات النووية فهي تلاحظ في الحرائق الكبرى التي تندلع في الغابات وتلك التي كانت تندلع بعد الغارات الجوية في الحرب العالمية الثانية.

2-8 التأثيرات غير المباشرة

ان اثر الاشعاع اقل خطورة الى حد بعيد من اثار العصف والحرارة، ففي هيروشيما وناجازاكي، حيث قتل ما يزيد عن مئة الف شخص مباشرة، كانت

20-30% من الوفيات بسبب الحروق الاساسية، و 50-60% من الاصابات الميكانيكية والحروق من الثانوية و15% من الاصابات الاشعاعية، وأدى الضغط الناتج من العصف الى تدمير هائل في المباني الى مسافات 2-3 كم من منطقة الانفجار. ان اثار الاشعاع تعتبر من الاثار غير المباشرة والتي تتضمن اثار الاشعة المؤينة على الاشخاص المتعرضين له في منطقة الانفجار والنبضة الكهرومغناطيسية.

8-2-1 الاشعة المؤينة الاولية:

تنطلق لحظة الانفجار النووي كمية كبيرة من طاقة الانفجار على شكل اشعة مؤينة: اشعة جاما وهي امواج كهرومغناطيسية تسير بسرعة الضوء، واشعة الفا وبيتا (او الكترونات) ونيوترونات وجميعها جسيمات تسير بسرعات مرتفعة جدا ولكن اقل كثيرا من سرعة الضوء. تنتج النيوترونات تحديدا من عمليتي الانشطار او الاندماج النوويتين، اما اشعة جاما فتنتج من العمليتين المذكورتين، وتنتج اشعة بيتا من تحلل المواد العديدة من نواتج الانشطار النووي ذات اعمار النصف القصيرة جدا. بعد التفجير بلحظات، تتناقص كثافة الاشعاع النووي الاولي الناتج، فنتيجة للسرعات العالية التي تسير بها الانواع المختلفة من الاشعاعات مبتعدة عن نقطة الانفجار، تنتشر على مسافات شاسعة ولكن بتركيز مخفف جدا، كما يساهم امتصاص الغلاف الجوي لها في تخفيفها.

ان نوع وكمية الاشعاع الذي يمكن ان يتواجد في مكان ما يتغير اعتمادا على المسافة من مكان التفجير. ففي قرب نقطة الانفجار تكون كثافة النيوترونات اكثر من كثافة اشعة جاما، ولكن مع ازدياد المسافة فان تناسب كثافة النيوترونات واشعة جاما يتغير حيث تزداد كثافة اشعة جاما وتقل كثافة النيوترونات الى ان تصبح كثافة النيوترونات صفرا بالمقارنة مع كثافة اشعة جاما. من الجدير ذكره هنا ان ازدياد قوة

القنبلة لا يؤدي الى ازدياد مستوى الاشعاع الاولي بشكل يتناسب مع ازدياد قوة القنبلة، وفي النتيجة يصبح الخطر الاشعاعي اقل شأنا، مقارنة بالحرارة والعصف، في القنابل الاكبر قوة، فلقنابل بقوة تزيد عن 50 كيلوطن يكون العصف والحرارة اكثر اهمية ويصبح التأثير الاشعاعي مهملا.

تكمن خطورة النيوترونات المنبعثة من التفجير النووي في انها تحول مواد الوسط المحيط بمكان التفجير الى مواد مشعة، فللنيوترونات قدرة كبيرة على التفاعل مع انوية ذرات المواد فتزيد من عدد النيوترونات اي تغير من النسبة بين عدد البروتونات الى عدد النيوترونات داخل النواة فتصبح الاخيرة نواة مشعة. واذا اضفنا المواد المشعة المتحولة بسبب النيوترونات الى المواد المشعة الناتجة اصلا من عمليات الانشطار التي ادت الى انفجار القنبلة النووية نفسها، فان كمية كبيرة من المواد المشعة تشكل تلوثا اشعاعيا يكون ما يعرف بالمتساقطات النووية وتشكل الخطر الاشعاعي الاساسي في الاسلحة النووية. ومن الضروري الاشارة هنا الى ان هذه المتساقطات هي مواد كيماوية تمتص من قبل النبات او يتم تناولها من قبل الانسان والحيوان حسب مواصفاتها الكيميائية والفيزيائية التي لا زالت الى الان تتقاذفها الشكوك، وان العديد من الاسئلة حولها لا تزال غير مجابة، مما يجعل توقعنا لمضارها بعيد عن الواقع وغير ذا صدقية علمية. ويتلقى الاشخاص الذين يكونون قريبين من منطقة الانفجار جرعات اشعاعية قاتلة ولكن الحرارة العالية والتدمير الناتج عن العصف سيكونان الاسبق الى التسبب بوفاتهم. اما الاشخاص الابعد عن مكان الانفجار فان الاثر الاشعاعي عليهم سيكون مهملا.

2-2-8 النبضة الكهرومغناطيسية:

تؤدي أشعة جاما المنبعثة من التفجير النووي الى إنتاج الكترونات ذات طاقة عالية بسبب ظاهرة فيزيائية تعرف بتشتت كومبتن. تتأثر هذه الالكترونات بالمجال المغناطيسي للارض وتحجز على ارتفاع بين عشرين الى اربعين كيلومتر حيث تتحرك جيئة وذهابا في هذا النطاق مشكلة تيارا كهربائيا متناوبا ينتج بدوره نبضة

كهرومغناطيسية مترابطة تدوم حوالى جزء من الف جزء من الثانية، بينما تدوم اثارها الثانوية اكثر من ثانية واحدة.

بالرغم من عدم وجود اي اثر على الكائنات الحية من هذه النبضة، الا ان اثرها يكون مدمرا للاجهزة الالكترونية. فالنبضة الكهربائية ذات قوة كبيرة يمكن ان تجعل الاجسام المعدنية التي تمر بها كالكوابل تقوم بدور الهوائي منتجة فيها جهود(فولتيات) مرتفعة جدا. يمكن لهذه الجهود والتيارات الكهربائية المصاحبة لها ان تدمر الاجهزة الالكترونية واسلاك التوصيل العادية التي لا تتحمل مثل هذه الجهود والتيارات العالية. كما ان الهواء الجوي الذي اصبح مؤينا يعطل البث الاذاعي والتلفزيوني ويعطل كل نظم الاتصالات اللاسلكية. في هذه الحالة يمكن حماية الاجهزة الالكترونية من خلال تغطيتها بالكامل بشبكة موصلة او ما يعرف بشبكة فارادي وهي عبارة عن جسم معدني مجوف يوضع في داخله اي جهاز كهربائي يراد حمايته. ان اجهزة الاتصال او اجهزة الراديو اذا وضعت في داخل هذا الجسم المعدني لا يمكنها العمل لعدم امكانية وصول الامواج الكهرومغناطيسية اليها.

3-8 الاثار الصحية للمواد المشعة الناتجة من التفجيرات النووية

كان التفجيران النوويان في هيروشيما (15كيلوطن) وناغازاكي (21كيلوطن)، بالاضافة الى التفجيرات التي اجريت في الجو قبل الاتفاقية التي حظرت هذا النوع من التجارب مصدرا مهما للمعلومات المتداولة عن أخطار التفجيرات النووية.

عند تفجير السلاح النووي فإنه يتبخر خلال جزء واحد من مليون جزء من الثانية، حيث تصل درجة الحرارة الى 100مليون درجة مئوية منتجة كرة من النار تتصاعد لعدة كيلومترات(الشكل رقم 8-3) مما يسبب تكون موجة الصدمة الناتجة من ارتفاع درجة حرارة الهواء بشكل كبير وهو ما يسبب الدمار الميكانيكي

في المنطقة المحيطة بمكان التفجير. كما ان هذه الموجة قد تسبب حركة للقشرة الارضية عند اصطدام الموجة بسطح الارض.

الشكل رقم 8-3: كرة النار الناتجة من اختبار نووي تجريبي تضيء السماء في ليلة معتمة

ينتج في التفجير النووي عدد كبير من نواتج الانشطار المشعة والتي تحمل مع الكرة الملتهبة الى ارتفاعات عالية جدا (15 كم في حالة القنبلة ذات ال 100كيلوطن) وتنقل هذه المواد الى مسافات بعيدة بواسطة حركة الرياح. وينقسم توزيع الطاقة الكلية الناتجة في الانفجار النووي كما يلي: 35% حرارة، و 50% كطاقة ميكانيكية(العصف والصدمة)، و 15% طاقة اشعاعية تتوزع حسب انتشار نواتج الانشطار الى مسافات شاسعة.

تعتبر الاسلحة النووية وسائل قتل وتدمير وحرق شديدة الفعالية، ففي هيروشيما وناجازاكي كانت المنطقة المدمرة 13و7 كم مربع على التوالي، وادى الضغط الناتج من العصف الى تدمير هائل في المباني الى مسافات 2-3 كم من منطقة الانفجار(الشكل رقم 8-4).

الشكل رقم 8-4: دمرت التفجيرات النووية في هيروشيما وناجازاكي مساحة نصف قطرها 2-3 كم تدميرا كبيرا، ولكن بعض المباني بقيت صامدة

من خلال متابعة حالات الناجين من انفجاري هيروشيما وناجازاكي النوويين، لوحظ ارتفاع في نسبة حدوث السرطان الذي بلغ الذروة في اوائل الخمسينات ثم عاد الى معدلة الطبيعي عام 1970. فمن بين 93000 شخص من الناجين ممن تعرضو لجرعات اشعاعية وتوبعت حالاتهم من خلال دراسات للمقارنة، كان نصف عدد هؤلاء احياء حتى عام 1987 ولم تكن وفيات النصف الاخر لها اسباب اشعاعية، باستثناء 231 حالة وفاة بسبب سرطان الدم. وحيث انه في المعتاد من الممكن حصول 156 حالة سرطان دم في المناطق التي لم تتعرض للاشعاع لنفس العدد ممن تم متابعتهم، وبالتالي فان 75 حالة فقط يمكن ان تعزى لاسباب اشعاعية. كما ظهرت بين هؤلاء ثلاثون حالة سرطان غدة درقية اضافية. توبعت حالات 1292 شخصا كانوا اجنة في ارحام امهاتهم وقت التفجير وتعرضوا لجرعات اشعاعية من التفجيرين ولم يسجل اي ارتفاع في نسبة حصول سرطان الدم او اي انواع اخرى من السرطان في ال25 عاما الاولى من اعمارهم.

اما فيما يتعلق بالاثار الوراثية للاشعاع، فقد بينت الدراسات ان الجرعات الاشعاعية المتوسطة يعتبر تأثيرها الوراثي مهملا وبالتالي فقد حصل تغير في التفكير في حقيقة الخطر الوراثي للاشعاع واصبح السرطان يأخذ الاهتمام الاكبر في كونه الأثر الأكثر اهمية للاشعاع. كما انه لم يثبت ان التأثيرات الاشعاعية الناتجة من الانفجارات النووية ساهمت بأي دور في انتاج خلل وراثي في المتعرضين للاشعاع بما فيهم الناجين في اليابان حيث لم يلحظ أي خلل وراثي في الاجيال اللاحقة من هؤلاء الناجين. كما اجريت دراسات على الفئران بينت ان الآثار الوراثية للاشعاع اقل كثيرا مما كان يعتقد.

اما في الولايات المتحدة حيث اجريت العديد من التجارب النووية فوق سطح الارض (الشكل رقم 8-5) مما ادى الى انتشار المواد المشعة على مساحات

واسعة، قامت ادارة الخدمات الصحية في الفترة 1960-1965 باجراء دراسات على السكان الذين كانوا اطفالا في فترة التجارب النووية، في نيفادا ويوتا، وكان الحليب الطازج الذي كانوا يتناولونه كغذاء مصدرا هاما للتلوث باليود المشع والذي من المتوقع ان يسبب لهؤلاء سرطان الغدة الدرقية. نتائج الدراسة اثبتت انه لا يوجد ارتفاع في نسب السرطان او حالات مرضية اخرى متعلقة بالغدة الدرقية بين هؤلاء.

الشكل رقم 8-5: كرة النار الناتجة من احد الاختبارات النووية التجريبية في صحراء نيفادا حيث اجريت المئات من هذه الاختبارات فوق سطح الارض

الفصل التاسع

الطاقة النووية والسياسة

الطاقة النووية والسياسة

مع نهاية الحرب العالمية الثانية ظهرت الاسلحة النووية بشكلها المخيف كقوة تدميرية كبيرة امام العالم أجمع، اذ أدى استخدام الولايات المتحدة الامريكية للاسلحة النووية في قتل عشرات الالاف من البشر دفعة واحدة وتدمير مساحات كبيرة من مدن سكنية بضربة واحدة الى تنبيه العالم الى العواقب الفظيعة لاستخدام هذه الاسلحة، وظهرت الولايات المتحدة كقوة محتكرة للسلاح النووي ولكن الى مدى غير بعيد، فمبادئ الاسلحة النووية كانت تعتمد على بحوث ذات مستوى غير بسيط ولكن يمكن الاحاطة به، بحيث يمكن اجراء شبيهاتها من البحوث في اي مكان من العالم، لذا فان العصر النووي كان قد ابتدأ من تلك اللحظة مصاحبا لذلك نشوء مصطلحات ومفاهيم جديدة لا بل ومؤسسات وطنية ودولية واتفاقيات عديدة تعنى بالطاقة النووية أسلحة وسياسة واقتصادا وإعلاما.

1-9 الحد من انتشار الاسلحة النووية

ان اول المصطلحات نشوءا واكثرها انتشارا هو مصطلح الانتشار النووي وضديده الحد من الانتشار النووي، ويقصد بالانتشار النووي هو انتشار تقنيات انتاج الاسلحة النووية والمعارف العلمية المتعلقة بها بين شعوب ودول لا تملك القدرة او الاسلحة النووية بشكل فعلي، وينطبق هذا التعريف على كل دول العالم باستثناء الدول الخمس العظمى او القوى الخمس النووية والتي تعترف صراحة بامتلاكها للسلاح النووي وهي الولايات المتحدة الامريكية وبريطانيا والصين الشعبية وفرنسا والاتحاد السوفييتي ووريثه الشرعي روسيا الاتحادية. وتعارض القوى الخمس النووية بالاضافة الى العديد من الدول غير النووية انتشار الاسلحة النووية لما يشكله ذلك من اثر على الاستقرار العالمي او استقرار مناطق معينة من العالم، ولما يمثله هذا الانتشار من مخاوف نشوء حروب تستخدم فيها هذه الاسلحة

والتي قد يتجاوز تأيرها البلدان المتحاربة بحد ذاتها مع ما قد تخلفه مثل هذه الحروب من مآسي وويلات على الدول المتحاربة نفسها.

كانت اولى الجهود الدولية لما قد يسمى بضبط السلوك النووي هو توقيع معاهدة دولية عام 1963 تمنع اجراء التجارب النووية في الجو وتسمح هذه المعاهدة بإجراء التجارب النووية تحت سطح الارض فقط. ولم يتحقق اي جهد دولي لمنع الانتشار النووي الا في العام 1968 حيث وقعت معاهدة الحد من انتشار الاسلحة النووية. وكان الهدف من هذه المعاهدة هو وضع ضوابط على انتقال وانتاج المواد الانشطارية الضرورية لانتاج السلاح النووي، واكثر المواد المطلوب ضبطها والسيطرة على انتقالها وانتاجها اليورانيوم المخصب والبلوتونيوم. ومع ان انتقال وانتاج المواد الانشطارية كان محظورا، الا ان المعرفة العلمية باليات انتاج الاسلحة النووية الفعالة، ولو كانت اسلحة بدائية، كانت متاحة لكثير من العلماء في العديد من الدول.

في العام 1957 تم انشاء الوكالة الدولية للطاقة الذرية كأول منظمة دولية تابعة للامم المتحدة تعنى بشؤون الحد من الانتشار النووي. وتم انشاء ما يعرف بنظام الضمانات او المراقبة الوقائية كذراع فني يهدف الى التحقق من تطبيق معاهدة الحد من الانتشار النووي. وقد ساهمت الوكالة في انشاء برامج للتعاون في استخدام الطاقة النووية لاغراض سلمية مع ان جل اهتمامها هو متابعة انتاج وانتقال واستخدام اليورانيوم المخصب والبلوتونيوم والتحقق من ان كل ذلك كان لاغراض سلمية، وان هذا الاستخدام والمنشآت المستخدمة لا تؤدي باي شكل من الاشكال الى برامج للاسلحة النووية.

لقد تخلى العديد من دول العالم عن فكرة امتلاك الاسلحة النووية معتبرة ان وجود هذه الاسلحة يضر بامنها القومي بدل ان يعززه ، فقامت بالتوقيع على معاهدة الحد من انتشار الاسلحة النووية لتؤكد التزامها بان البرامج والمواد

والتقنيات النووية الموجودة لديها هي للاغراض السلمية بينما قامت بعض الدول بتشجيع الانتشار النووي على اعتبار ان ذلك هو ضرورة تسلزمها متطلبات امنها بحيث ظهر امتلاك السلاح النووي كإنجاز وطني. ونتيجة لذلك قامت بعض الدول بالتدخل بشؤون الدول الاخرى لتحديد من له الحق ومن ليس له حق في امتلاك الاسلحة النووية. في وقتنا الحاضر يبلغ عدد الدول الموقعة على معاهدة الحد من انتشار الاسلحة النووية 187 دولة، ويشمل هذا العدد الدول الخمس النووية. اما الدول غير الموقعة عليها فهي الهند وباكستان اللتين اعترفتا صراحة بامتلاك اسلحة نووية وقامتا بإجراء العديد من التجارب النووية، واسرائيل التي ترفض التوقيع على المعاهدة ولديها برنامج نووي قديم وفعال محاط بهالة من السرية، ولا يعرف عنه الا مقدار ضئيل من المعلومات وهو ما يتم افتعال تسريبه من معلومات بشكل دوري للدعاية الاعلامية الهادفه الى بث الرعب في قلوب العرب والمسلمين. وقد وقعت كوريا الشمالية المعاهدة ثم انسحبت منها في كانون الثاني من عام2003.

ان الهدف الرئيسي من معاهدة الحد من انتشار الاسلحة النووية هو وقف المزيد من انتاج الاسلحة النووية في الدول غير النووية (وهي كل دول العالم بستثناء القوى الخمس النووية) بما يفهم منه انه قد يساهم في تعزيز امن الدول غير النووية التي تستخدم التكنولوجيا النووية لاغراض سلمية، بالاضافة الى سعي المعاهدة الى اجراء مفاوضات تهدف الى نزع جزئي للاسلحة النووية بما يؤدي الى خفض والتخلص من هذه الاسلحة.

وبالرغم مما قد يتبدى من صورة مشرقة للمعاهدة الا انها في واقع حالها مثيرة للخلاف والجدل والتناقض في آن واحد. فهذه المعاهدة تفرق بطريقة ظالمة بين الدول التي تملك الاسلحة النووية والدول التي لا تملكها وكأنها كتبت من قبل طرف منتصر- ضد اخر مهزوم لا حول له ولا قوة. فالبنود الرئيسية في المعادلة تطلب من الدول غير النووية الاحجام عن امتلاك الاسلحة النووية او انتاجها،

وفي ذات الوقت فان الدول غير النووية ذاتها ملزمة بالقبول بالاجراءات التي تقوم بها وكالة الطاقة الذرية الدولية في موضوع الضمانات او الاجراءات الرقابية بحيث تخضع هذه الدول للتحقق من قبل مفتشي الوكالة بانها تنفذ بنود المعاهدة بشكل دقيق رغم عدم وضوح مسؤوليات الوكالة بشكل دقيق، مما يجعل تنفيذ الوكالة لعمليات التفتيش يخضع لدبلوماسية القوة المتغطرسة وسلوك المفتشين واحيانا الى ارتباطاتهم السياسية كما حصل سابقا اثناء تفكيك البرنامج النووي العراقي.

ان الدول النووية تستطيع الحد من انتشار الاسلحة النووية من خلال حجب المعلومات ومنع نقل التقنيات المتعلقة بتخصيب اليورانيوم مثلا ولكن هذه الاجراءات يمكن اختراقها بسهولة في عالم لا تسوده المصداقية وتتنازعه نوازع الشر وتتبدل فيه المواقف السياسية والولاءات كما يتم تبديل الملابس. وبذلك فان اي دولة اذا رغبت بشكل جاد في الحصول على السلاح النووي من الممكن ان تحصل عليه رغم ما يتبدى من معارضة من الدول النووية خاصة اذا كانت هذه المعارضة سياسية واعلامية فقط ولا تأخذ شكلا جادا من المنع وبالتالي فان تدابير الحد من انتشار الاسلحة النووية تقلل من الانتشار ولا يمكنها منعه بتاتا.

من اخطر القضايا في سياق انتشار الاسلحة النووية امكانية وصولها الى منظمات او جهات لا تحكمها قواعد سياسية دولية او لا تراعي سياسة المصالح التي تراعيها الدول مما يعرف الان بالتنظيمات "الارهابية"، او قيام منظومة سياسية معارضة بقلب نظام الحكم في دولة تملك اسلحة نووية، ان وصول الاسلحة النووية الى تلك المجموعات هي من اكثر القضايا التي تشغل خصومها وتشغل العاملين في مجال الحد من انتشار الاسلحة النووية، وهي من اهم اسباب معارضة الدول النووية لحصول بعض الدول على تقنيات نووية فالخوف احيانا قد لا يكون من نظام سياسي بعينه بقدر احتمالية تغير النظام في وقت لاحق لامتلاكه السلاح النووي او تسرب الاسلحة النووية الى منظمات غير مرغوب فيها، والاهم من

ذلك كله وجود العقول البشرية القادرة على التعامل بكفاءة واقتدار مع هذا الموضوع او تشكل الخبرة العلمية في مجال انتاج الاسلحة النووية لدى العلماء في تلك الدول، وتحاول الدول النووية جاهدة منع الانتشار النووي من خلال منع الدول غير النووية من تكوين الخبرات في هذا المجال اما بالمقاطعة والحصار او بتوجيه البرامج العلمية في تلك الدول الى مجالات اخرى من خلال اشغال العلماء والمختصين بالابحاث العلمية التي لا علاقة لها بموضوع الطاقة النووية حتى السلمية منها.

ان الدول التي لديها برامج نووية عسكرية اصبحت معروفة عالميا وهي لا تخفي برامجها، وقد بدأت برامجها النووية العسكرية ثم تحولت الى البرامج السلمية في انتاج الطاقة بعد استكمال برامجها العسكرية، غير ان احد المعضلات الموجودة هو محاولة الدول النووية منع بعض الدول التي لا تملك اسلحة نووية من امتلاك التكنولوجيا النووية السلمية ويقصد بها مفاعلات القدرة النووية، فهل هذه الدول ذات البرنامج السلمي يمكنها او هل ستلجأ الى تملك سلاح نووي عبر برنامجها السلمي؟ يمكن الاجابة على هذا السؤال من خلا استعراض التاريخ النووي للهند والباكستان فهما بدأتا بمشاريع سلمية تتضمن مفاعلات بحثية ومفاعلات قدرة سرعان ما نتج عن هذه المشاريع اسلحة نووية، فاي دولة لديها مفاعلات قدرة يمكنها على الاغلب انتاج سلاح نووي.

ان من الممكن امتلاك سلاح نووي دون الحاجة الى الحصول على الوقود النووي من مفاعلات القدرة، وذلك باحد طريقين الاول امتلاك مفاعلات لانتاج البلوتونيوم ويمكن ذلك من خلال مفاعلات بحث صغيرة هي الان في متناول اغلب الدول، والثاني امتلاك منظومة تخصيب لليورانيوم بحيث تتوفر كميات كبيرة من اليورانيوم المخصب تكون وقودا للسلاح النووي.

يعتمد انتاج السلاح النووي على القرار السياسي في الدولة والذي يأخذ في حسبانه القضايا الاستراتيجية المتعلقة بالدولة، ورأس ماله القوى البشرية العلمية المؤهلة للقيام بالعمل، ويحتاج تنفيذ ذلك الى توفير المواد والاموال اللازمة. ان ضوابط الرقابة والسيطرة الدولية يمكنها ان تعيق الى حد ما انتشار السلاح النووي او اعاقة تصنيعه في دولة ما، ولكن اذا وجد التصميم او الاصرار على ذلك فان انتاجه لن يكون الا مسألة وقت خاصة اذا توفرت الموارد المالية والامكانيات العلمية البشرية.

2-9 الوكالة الدولية للطاقة الذرية

في قرار اتخذ باجماع اعضاء منظمة الامم المتحدة عام 1957، تم انشاء وكالة الطاقة الذرية الدولية بهدف مساعدة الدول الاعضاء على تطوير برامج للطاقة النووية للاغراض السلمية. ويضاف الى ذلك تقديم ترتيبات معينة لتوفير آليات للمجتمع الدولي للتحقق من ان الدول الاعضاء تحترم التزاماتها حيال معاهدة حظر انتشار الاسلحة النووية التي لم تكن قد رأت النور بعد، لا بل ظهرت بشكل عملي بعد ذلك باحدى عشرة سنة، وكأن انشاء الوكالة كان مقدمة لاظهار المعاهدة وترتيب تنفيذها اكثر مما كان يهدف الى مساعدة الدول غير النووية على تطوير برامج نووية سلمية. وقد عرفت هذه الترتيبات بالضمانات او المراقبة الوقائية.

الشكل رقم 9-1: مقر وكالة الطاقة الذرية الدولية في العاصمة النمساوية فيينا

الشكل رقم 9-2: مختبرات وكالة لطاقة الذرية الدولية قرب قرية سيبرزدورف/النمسا

تقوم الوكالة بالتفتيش الدوري على المنشآت النووية السلمية للتحقق من دقة وصدقية الوثائق التي تقوم الدول التي يجري التفتيش عليها بتزويد الوكالة بها اصلا. يقوم خبراء ومفتشي الوكالة بفحص قوائم المواد الموجودة في المنشأة النووية والعينات التي يتم تحليلها، وقد يتم أخذ عينات من المنشأة ليتم تحليلها في مختبرات الوكالة في سيبرزدورف(النمسا) او في دول اخرى متقدمة. وحيث ان نظام الضمانات قد جرى تصميمه لتحديد اي حيود للمواد النووية عن استخدامها المخصص للاستخدام السلمي فقط وذلك من خلال المراقبة المسبقة او المبكرة، فانه يتم تزويد المفتشين باجهزة تقنية متقدمة للكشف الميداني بالاضافة الى مختبرات الوكالة ومختبرات الدول الاخرى التي تقدم خدمات كثيرة للوكالة في مجال التحليل والتقييم. ان الاهتمام الرئيسي للوكالة هو ان لا يتم تخصيب اليورانيوم الى درجة اعلى من تلك الضرورية للاستخدامات السلمية، وان البلوتونيوم الذي ينتج بشكل اجباري عند تشغيل المفاعل لا تتم تنقيته ليكون مناسبا للاسلحة النووية.

9-3 الضمانات أوالاجراءات الوقائية

من الناحية التقليدية فان الضمانات هي ترتيبات لاحصاء المواد النووية وضمان الاستخدام المناسب(السلمي) لها، ويعتبر هذا الضمان، اي ضمان الاستخدام السلمي، العنصر- الرئيسي- في النظام الدولي المطلوب للتحقق من ان اليورانيوم على وجه الخصوص يستخدم بشكل محدد لاغراض سلمية.

لقد قبلت الدول الموقعة على معاهدة الحد من انتشار الاسلحة النووية الاجراءات التقنية التي تتطلبها الضمانات المطبقة من قبل الوكالة الدولية للطاقة الذرية. وهذه الاجراءات تلزم مشغلي المنشآت النووية إنشاء وإدامة سجلات لكل تحركات المواد النووية واستخداماتها وأية اجراءات اخرى تتعلق بهذه المواد، وان تكون هذه السجلات خاضعة للتفتيش من قبل مفتشي- الوكالة. ويوجد حوالي 550 منشأة نووية ومئات المواقع في دول العالم المختلفة تخضع للتفتيش الدوري من قبل الوكالة ويتم اجراء التدقيق على سجلاتها وموادها النووية من قبل المفتشين. بالاضافة الى التفتيش، فان اجراءات التحقق التي تتم من قبل الوكالة تشمل ايضا اجراءات اخرى مثل وضع كاميرات ثابتة واجهزة مختلفة للمراقبة الدائمة. تعتبر عمليات التفتيش نظاما للانذار الذي يوفر تحذيرا من اي حيود محتمل لاستخدام المواد النووية عن وجهتها المخصصة اساسا للاستخدام السلمي. يعتمد نظام الانذار هذا على ما يلي:

1- احصاء (عد) المواد النووية: الذي يشمل كل المواد النووية الداخلة الى المنشأة النووية والخارجة منها، وحركة هذه المواد ضمن مواقع المنشأة نفسها، ومقارنتها بالسجلات التي يدون فيها العاملون في المنشأة كل حركة لكل مادة نووية. كما يشمل ذلك اخذ عينات من المواد النووية ومن المواقع المختلفة للمنشأة.

2- الحماية المادية: ويقصد بها حماية المواد النووية ذاتها بمنع دخول اي شخص الى اماكن العمل والتخزين الا للاشخاص المخولين. ويتم ذلك من خلال

توفير البناء المناسب والحماية اللازمة لتوفير الامن للمكان وللمواد النووية وللاشخاص العاملين في المنشأة النووية.

3- الاحتواء والمراقبة: وذلك باستخدام الاقفال والكاميرات الاوتوماتيكية وأية أجهزة تقنية مساندة اخرى لمراقبة اي تحرك قد لا يتم تسجيله سواء كان سهوا او بشكل متعمد، ولمراقبة ما قد يحصل من عمليات عبث او سطو قد يتعرض لها مكان التخزين او الاستخدام.

من مفارقات العدل الموجودة في العالم اليوم ان الدول الاعضاء في معاهدة الحد من الانتشار النووي من الدول غير النووية يجب عليها قبول كافة اجراءات الضمانات الواردة اعلاه، بينما لا يتم اجراء التفتيش على الدول الخمس النووية الاعضاء في المعاهدة والدول غير الموقعة على المعاهدة وهي اسرائيل والهند وباكستان باستثناء منشآت محددة تختارها الدول نفسها وليس الوكالة حيث يقوم مفتشو الوكالة بزيارة هذه المواقع بشكل منتظم للتحقق من صحة سجلات هذه المنشآت. فالوكالة نفسها لا يمكنها تطبيق بنود المعاهدة ولا يمكن اجبار الدول على الانضمام اليها، وقد بينت المشكلة بين الوكالة وكوريا الشمالية وبين الوكالة وايران ان اجرءات التفتيش يمكن ان توقف لاغراض دبلوماسية او لاسباب سياسية او اقتصادية. هذا بالاضافة الى ان نظام الضمانات التقليدي يمكن ان يبدي او يبرهن التزام دولة معينة بالمعاهدة حيث تلتزم تلك الدولة بالضمانات ولا تظهر اجراءات التفتيش اي خرق او مخالفة لاي بند من بنود المعاهدة، ولكنها تقوم ببعض الاعمال المخالفة، فكوريا الشمالية كانت تستخدم مفاعلات بحثية ووحدات معالجة الوقود النووي لانتاج بلوتونيوم يمكن ان يكون مناسبا للاسلحة النووية، لا بل انسحبت من المعاهدة واعلنت صراحة امتلاكها للاسلحة النووية.

ان الخطر العظيم من انتشار الاسلحة النووية يأتي من الدول غير الموقعة على المعاهدة ولا تقبل نظام الضمانات اذ ان لديها العديد من المنشآت النووية غير

الخاضعة للتفتيش، وتعتبر اسرائيل مثالا صارخا على عدم الالتزام بعد انتشار الاسلحة النووية وتحاول جعل برنامجها النووي وسيلة ردع بهدف بث الرعب في محيطها العربي والاسلامي.

4-9 البروتوكول الاضافي

ان احد مظاهر الضعف في نظام الضمانات ومعاهدة عدم الانتشار النووي انها لا تتضمن الانتشار او الانتاج الاضافي للمواد النووية اي ان هناك احتمال ان يكون اليورانيوم المستخدم كوقود من مصادر وطنية ويمكن ان ينتج دون ان يسجل لا بل ويمكن ان تنشأ منشآت نووية دون الاعلان عنها او اخضاعها لنظام الضمانات.

لتقوية وتوسيع نظام الضمانات التقليدي تم في العام 1993 البدء ببرنامج يهدف الى تعزيز قدرات الوكالة لمراقبة اي نشاطات نووية لم تكن الدول الاعضاء قد اعلنت عنها او ابلغت الوكالة عنها بما فيها تلك النشاطات التي لا ترتبط بدورة الوقود النووي. وقد تم المصادقة على هذا البرنامج او البروتوكول النموذج من قبل مجلس محافظي الوكالة عام 1997. كان التجديد في الاجراءات على وجهين، الاول ما يمكن تنفيذه حسب الاسس القانونية للوكالة والمخولة لها ضمن اتفاقيات نظام الضمانات والتفتيش المتبع حسب هذا النظام، والثاني يحتاج الى صلاحيات قانونية اضافية يجب التأكيد عليها او تنفيذها ضمن ما عرف بالبروتوكول الاضافي، وهو ما يجب على اي دولة غير نووية (اي ليست من الدول الخمس التي تمتلك الاسلحة النووية) ان تتفق عليه مع الوكالة كجزء اضافي لاتفاقية الضمانات الشاملة الموجودة اصلا. اما الدول النووية الخمس فقد اتفقت على قبول المبادئ العامة الواردة في البروتوكول الاضافي النموذج.

يتضمن البروتوكول الاضافي النموذج العناصر الاساسية التالية:

1- يجب تزويد الوكالة بمعلومات اكثر شمولا عن النشاطات النووية والنشاطات المرتبطة او ذات العلاقة بالانشطة النووية بما في ذلك انتاج اليورانيوم والثوريوم وكل نشاطات الاستيراد والتصدير المرتبطة بالطاقة النووية.

2- لمفتشي الوكالة الحق بشكل اكبر في الدخول للمنشآت النووية، وهذا يشمل اي موقع مشتبه به، مع امكانية ان تقوم الوكالة بذلك دون الحاجة إلى الابلاغ بشكل مسبق عن عملية التفتيش إلا بمدة زمنية بسيطة بحدود ساعتين مثلا. يقوم مفتشي- الوكالة بإجراءات الرقابة والتفتيش بما في ذلك اخذ عينات من الموقع والمراقبة عن بعد للكشف عن أي أنشطة مخالفة.

3- على الدولة الموقعة على البروتوكول الاضافي ان تسهل الاجراءات الادارية التي تمنح مفتشي الوكالة تأشيرات دخول حال وصولهم للدولة المعنية وتسهيل اجراءات اتصالهم مع المقر الرئيسي للوكالة.

4- اي تقدم في الضمانات يهدف الى تقييم وضع الدولة الموقعة مع الاخذ في الحسبان ظروف كل دولة على حدة ونوع المواد النووية التي تستخدمها، وهذا يتضمن مقدرة اكبر للتقييم من جانب الوكالة وتطوير طرق اكثر فعالية للتحقق من تطبيق بنود معاهدة الحد من الانتشار النووي. وقعت البروتوكول الاضافي الى الان 54 دولة وصادقت عليه 18.

الفصل العاشر

التأثيرات البيئية للطاقة النووية

التأثيرات البيئية للطاقة النووية

اصبح لدى الناس رعب لا متناهٍ من استخدام الطاقة النووية لما قد تسببه من حوادث نووية، سواء كانت الحوادث في دولة تملك مفاعل او مفاعلات او دولة لا تملكها، فالانبعاثات التي تنطلق من المفاعل لا تعرف الحدود، ورغم التطمينات التي تطلق من قبل المختصين الا ان الخوف يستمر ولا يوجد ما يحده. ومع الاشارة الى أن المواد المشعة المنطلقة من المفاعل تكون متجمعة بأشكال عنقودية غير قابلة للذوبان في الماء وغير قابلة للامتصاص من الخلايا الحية في النبات والحيوان والانسان مما يقلل خطرها الداخلي على الاحياء، كما أن خطرها الخارجي يكون قليلا نتيجة لتركيزها المنخفض جدا مقارنة مع الارقام المذكورة اعلاه. انني استطيع التأكيد ان الخطر الكامن اثناء التشغيل الاعتيادي للمفاعل يعتبر مهملا جدا ولا داعي للقلق بشانه او التفكير به مطلقا.

1-10 حوادث المفاعلات النووية

في حال وقوع حادث في مفاعل، فان خطورة الحادث تتفاوت بين تسرب اشعاعي بسيط في المرتبة الاقل الى حادث يتضمن خروج اغلب المادة المشعة داخل المفاعل، وهذا لا يحصل الا في دولة تعيش حالة غيبوبة؛ اذ ان الخطر، مع ضآلته، سيكون في الاساس على مواطنيها المجاورين للمفاعل، ولا يمكن في اسوا الظروف الا خروج جزء بسيط من المادة المشعة، خاصة في حالة المفاعلات البحثية، اذ بمجرد بدء الحادث الكبير فان قلب الفاعل سيذوب وتنتشر المواد التي يتكون منها قلب المفاعل داخل بناية المفاعل كالصهارة البركانية وان ما سيخرج الى الجو كانبعاثات يعتمد على درجة الحرارة داخل المفاعل ونوعه وحجم الوقود النووي الذي سيتحول الى مادة عديمة الفائدة كوقود نووي بمجرد انخفاض تركيزه بسبب تباعد ذراته عن بعضها مما يجعل الوقود في حالة دون الحرجة مما يوقف عملية الانشطار المتسلسل.

كان موضوع سلامة المفاعل من القضايا بالغة الاهمية لمستخدمي المفاعلات وذلك لما له من اثر على استخدام الطاقة النووية وانتشارها كبديل استرتيجي لوسائل الطاقة التقليدية. وقد اجريت اعداد كبيرة من الدراسات والتجارب وذلك لتوقع ما يمكن ان يحصل داخل المفاعل بحيث يؤدي الى حادث نووي وبنيت العديد من النماذج لتوقع الكيفيات التي يمكن ان تنتشر بها المواد المشعة الموجودة في قلب المفاعل الى البيئة.

ورغم التشدد الهائل في القضايا المتعلقة بالسلامة داخل المفاعل الا ان ما سيقع من حوادث لا بد من وقوعه مهما كانت الاحتياطات المتخذة، وان استطعنا هنا القول ان رب ضارة نافعة فان ما حصل من حوادث نووية وان ادت الى انتشار الرعب في ارجاء المعمورة، فانها وبعد التحقق الكامل من ضآلة اثارها على الانسان والبيئة جعلت الحقيقة تنجلي ناصعة بان صناعة الطاقة النووية هي الصناعة الاكثر امانا على صعيد انواع الصناعات كافة، وان عدد الاصابات التي حصلت بين بني البشر عامة وعلى مستوى العالم من هذه الصناعة جديرة بالذكر من حيث ان الوفيات على مدى يزيد عن نصف قرن قد لا تتجاوز مئة شخص، واذا قمنا بمقارنة هذا الرقم مع الوفيات التي تحصل في اي قطاع من قطاعات الصناعة او الزراعة وحتى السياحة لوجدنا اننا نتعامل مع صناعة وتقنية فائقتي الامان.

2-10 خرافة انفجار المفاعل النووي

ان من المستحيل لاي مفاعل نووي تجاري وخاصة اذا كان من المفاعلات المبردة والمهدئة بالماء ان ينفجر كما تنفجر القنبلة النووية. وسبب ذلك انه حتى يحصل التفاعل المتسلسل غير المسيطر عليه (اي انفجار القنبلة النووية) فيجب ان يكون تخصيب اليورانيوم، اي نسبة نظير اليورانيوم 235، مرتفعا جدا الى حدود مشابهة لتلك المستخدمة في وقود القنبلة اي اعلى من 90%، ويجب توفر كمية

الوقود التي تشكل الكتلة الحرجة ضمن حجم معين مناسب وهو ما لا يمكن الحصول عليه بسبب وجود المواد الاضافية في المفاعل وهي مواد التهدئة والسيطرة التي تساهم في امتصاص النيوترونات ولا تسمح بحصول تفاعل متسلسل سريع وفعال كما في القنبلة النووية. اذا، وبما ان المفاعل لا ينفجر، ما الذي يحصل في المفاعل؟ ان ما يحصل هو ذوبان قلب المفاعل او اجزاء منه، اي ان مكونات قلب المفاعل من قضبان وقود وقضبان سيطرة وتهدئة تتحول الى الحالة السائلة اذا وصلت درجة حرارة قلب المفاعل درجة حرارة اعلى من درجة انصهار اي من مكونات القلب، واذا استمرت درجة الحرارة بالارتفاع فان الجدار الحديدي المغلف لقلب المفاعل يتحول هو الاخرالى الحالة السائلة مما يسبب خروج مكونات القلب المشعة من اهم ستارين حافظين لهما. ففي حادث مفاعل جزيرة الاميال الثلاث في الولايات المتحدة عام 1979 قدرت درجة حرارة القلب بحوالى 2600 درجة مئوية بحيث اصبحت مكونات قلب المفاعل سائلة بما يشبه الطين رقيق القوام، اما في حادث تشرنوبل عام 1986 فقد وصلت درجة حرارة القلب الى حوالي 1800 درجة مئوية لمدة عشر ثوان، ثم انخفضت الى ما يقارب 1400 درجة مئوية لمدة عشرة ايام، وقد حصل في الحادثين خروج كمية كبيرة من المواد المشعة الى البيئة المحيطة. وفي ذات الوقت فان جزءاً مهما من مكونات قلب المفاعل ذات الحرارة المرتفعة يمكن ان تؤدي الى ذوبان ارضية المفاعل وقد تنزل الى اعماق تبلغ عشرات الامتار.

ان ذوبان قلب المفاعل يحصل في الاغلب اذا لم يكن التبريد فعالا بشكل كاف بسبب حصول خلل في عملية تزويد قلب المفاعل بالماء كاغلاق احد الصمامات او كسر انبوب التزويد بالمياه، او بسبب حصول تفاعل متسلسل بوتيرة اعلى من المتوقع نتيجة خطأ في السيطرة مما يؤدي الى ارتفاع حرارة المفاعل وبالتالي ذوبان قلب المفاعل بالطريقة التي وصفت اعلاه، وهذا ما حصل في اسوأ حادثين

عرفهما تاريخ الطاقة النووية الا وهما حادثا جزيرة الاميال الثلاث وتشرنوبل. وفي كلتا الحالتين ولوتم وضع كمية مناسبة من مواد السيطرة داخل قلب المفاعل وحتى اذا تم ايقاف التفاعل المتسلسل فانه بدون تغذية قلب المفاعل بالتبريد الكافي فان الحرارة الناتجة من التحلل الاشعاعي لنواتج الانشطار الموجودة في قضبان الوقود كفيلة برفع درجة الحرارة الى الحد الذي يؤدي الى ذوبان قلب المفاعل.

3-10 حادث جزيرة الاميال الثلاث

تقع المحطة النووية المعروفة بمحطة جزيرة الاميال الثلاث على جزيرة تبعد 10 اميال من هاريزبرغ في ولاية بنسيلفانيا الامريكية، وهي عبارة عن مفاعلين الوحدة 1، وهو مفاعل غير عامل، والوحدة 2 التي حصل فيها الحادث. في الثامن والعشرين من اذار لعام 1979حصل ذوبان جزئي لقلب المفاعل، حيث ذابت قضبان الوقود وتحولت من حالتها الصلبة الى الحالة السائلة. لقد اعتبر هذا الحادث اسوأ كارثة نووية في تاريخ الولايات المتحدة، وعزي الى عدة اسباب اهمها خطأ بشري بسيط واخفاق صمام لتغذية قلب المفاعل بمياه التبريد. في الفقرات اللاحقة سوف نوضح كيف اصبح من الممكن وقوع الحادث واثارة النفسية والجسمية على الشعب الامريكي.

بدأ الحادث تقريبا عند الساعة الرابعة صباحا حيث تعطل احد صمامات ضبط تدفق مياه التبريد الداخلة الى قلب المفاعل مما ادى الى تناقص كمية المياه الداخلة وبالتالي ادى الى ارتفاع درجة حرارة قلب المفاعل. اظهرت اجهزة السيطرة على المفاعل ذلك الارتفاع في درجة الحرارة حيث تم اطفاء المفاعل بايقاف التفاعل المتسلسل. ان اطفاء المفاعل ادى فقط الى تخفيض بسيط في معدل الارتفاع في درجة الحرارة، ولكنه لم يوقف هذا الارتفاع الذي استمر بسبب كمية الحرارة المتبقية في قلب المفاعل والطاقة الحرارية الناتجة من الانحلال الاشعاعي لنواتج الانشطار الموجودة في قضبان الوقود. فالصمامات التي تضبط خروج الماء من قلب

المفاعل كانت لا تزال تعمل فيخرج الماء من قلب المفاعل، بينما الصمام الذي يضبط دخول الماء مغلق فلا يدخل الماء لتبريد قلب المفاعل اي لم يكن يتواجد كمية مناسبة من المياه للتبريد مما جعل جهاز السيطرة على المفاعل وهو نظام محوسب يضخ كميات من المياه الموجودة لحالات الطوارئ مما يعني توفر كمية من المياه تقوم بالتبريد ولكن المشغل ظن ان لا داعي لمثل هذا الاجراء وان كمية المياه الموجودة في قلب المفاعل كافية فقام باغلاق نظام الضخ الطارئ مما ادى الى استمرار ارتفاع درجة الحرارة.

نتيجة لتشكل كميات كبيرة من البخار فان احد صمامات التهوية الاوتوماتيكية الموجودة في اعلى قلب المفاعل فتح تلقائيا لاخراج كمية من هذا البخار وهو اجراء مساعد لازالة الحرارة من قلب المفاعل بازالة البخار الساخن، ولكن هذا الصمام هو الاخر اصابه العطل فلم يغلق بشكل كامل كما هو مفترض، فاستمر خروج البخار من القلب مما ساهم في خفض كمية المياه داخل قلب المفاعل، وهذا الاخفاق في عمل صمام التهوية لم يلحظة المشغلون فاعتبروا ان الوضع داخل المفاعل تحت السيطرة وان الامور على خيرما يرام. وقد ساهم في هذا الاعتقاد ثبوت درجة حرارة قلب المفاعل فظنوا ان مياه التبريد بدأت في التدفق الى قلب المفاعل.

بعد عدة دقائق بدأت درجة حراة القلب بالارتفاع مرة اخرى فقام نظام التبريد الطارئ بالعمل ثانية ولكن المشغلين قاموا باطفائة لاعتقادهم ان الوضع مسيطر عليه ولكن الواقع غير ذلك. في ذلك الوقت بدأت قضبان الوقود بالذوبان نتيجة الحرارة المرتفعة داخل قلب المفاعل، واحس المشغلون بان هنالك خطأ ما دون تحديد ماهية هذا الخطأ. كان ذلك تقريبا بعد خمس دقائق من اخفاق الصمام الاول، اما اخفاق صمام التهوية فقد علم باخفاقه بعد ساعتين وعرف حينها ان

قلب المفاعل لم يكن مغلقا بالشكل المطلوب، وقام احد المشغلين الذي اكتشف ذلك باغلاق ذلك الصمام.

خلال نهار ذلك اليوم ونتيجة لتفاعل مكونات قلب المفاعل مع الماء بدأ غاز الهيدروجين بالتكون والتراكم داخل المفاعل مسببا انفجارا عند ظهيرة اليوم نفسه. ولكن هذا الانفجار لم تصل قوته الى حد تدمير مبنى المفاعل او نظام الاحتواء. بعد يومين وقلب المفاعل كان لا يزال خارج السيطرة، قام فريق من الخبراء النوويين بالمساعدة على تقييم الوضع حيث توقعوا حصول انفجار اخر كالذي حصل في اليوم الاول بسبب تكون كميات جديدة من الهيدروجين او ان يؤدي الى حلولة مكان ما تبقى من ماء داخل قلب المفاعل مما يؤدي الى ارتفاع درجة الحرارة وذوبان قلب المفاعل بالكامل. وقد اجريت العديد من المحاولات للتخلص من الهيدروجين، بالرغم من احدا لم يكن باستطاعته تأكيد وجود الهيدروجين.

في تلك الاثناء اجريت العديد من المحاولات لاعادة تدفق الماء الى قلب المفاعل وهو ما تم تحقيقه بالفعل بعد اسبوعين من الحادث وتم تبريد قلب المفاعل الى الحد الذي لم يعد يشكل خطرا وتمت السيطرة على الحادث بعد ان تسربت كميات من المواد المشعة الى البيئة جواً ومياهً وقام مئات الالاف من القاطنين في مناطق قريبة من المفاعل بالخروج من مناطقهم بعد ان اصابهم الذعر نتيجة للتغطية الاعلامية الواسعة التي حظي بها هذا الحادث لما كان يتوقع من مصائب قد يجرها على هؤلاء، اذ كانت هذه التجربة هي الاولى لهم مع حادث نووي وكان الكثيرون يعتقدون ان كل مفاعل نووي هو عبارة عن قنبلة نووية.

بعد انبعاث المواد المشعة من فتحات التهوية تم اجراء العديد من المسوحات الاشعاعية بواسطة الطائرات المروحية والسيارات حول منطقة المفاعل وكانت اعلى جرعة اشعاعية تم تقدير ان يتلقاها اي من السكان في المنطقة هي بحدود ملي سيفرت واحد وهو تقدير تم افتراضه على اساس بقاء الشخص المتلقي للجرعة

حوالى اسبوعين في العراء في المنطقة المحيطة بالمفاعل. وكان من اهم نتائج هذا الحادث انه لم تحصل اية اصابة مباشره لاي انسان سواء من العاملين في المفاعل او السكان القاطنين في المناطق المحيطة به، ولم يثبت ان احدا اصيب بشكل غير مباشر، وانه بالرغم من ان الماء المشع الذي خرج من المفاعل قد تم تصريفه الى نهر (سوسكوهانا) وهو مصدر مياه الشرب للتجمعات السكانية الموجودة في تلك المنطقة والمناطق القريبة الاخرى، فان احدا لا يستطيع التأكيد على ان مثل هذا الوصول للمواد المشعة لمياه الشرب ربما يكون له اي أثر على هؤلاء السكان. وقد قدرت احتمالية الاصابة بالسرطان بين مليوني شخص يقيمون حول المفاعل نتيجة تعرضهم للاشعاع اثر الحادث الى زيادة مقدارها حالة سرطان واحدة فقط، لمعدل الاصابة بالسرطان نتيجة للاسباب الاخرى، غير الاشعاعية، وفي الظروف الطبيعية التي تبلغ 325 حالة سرطان للعدد نفسه اي لمليوني شخص.

ان احد الاجراءات الاساسية في حال وقوع تسرب من مفاعل نووي هو تزويد السكان خلال اربع وعشرين ساعة من وقوع التسرب، بأقراص تحوي اليود، كأيوديد البوتاسيوم، والذي تمتصه الغدة الدرقية فيمنع وصول اليود المشع الناتج من المفاعل اليها. غير انه وفي هذا الحادث تأخر توزيع أقراص أيوديد البوتاسيوم لخمسة أيام بعد وقوع الحادث ولكن تبين انه لا حاجة لتوزيعه بعد ان لم يثبت دخول اليود المشع لغدد السكان على الرغم من المدة الزمنية الطويلة.

4-10 حادث تشرنوبل

ان احد اهم الاشياء المتعلقة بالطاقة النووية هو وقوع خطأ يؤدي الى حادث يسبب انبعاث المواد المشعة من قلب المفاعل الى البيئة المحيطة وتسببها للناس بالاذى، وهو ما حصل في اكبر كارثة حصلت في تاريخ الطاقة النووية الا وهو الحادث الذي وقع في محطة تشرنوبل في الاتحاد السوفييتي السابق التي تتكون من اربعة مفاعلات، احدها وهو المفاعل الرابع هو الذي وقع فيه الحادث ومفاعل اخر

كان معطلا، اما المفاعلان المتبقيان فبقيا يعملان ويزودان اوكرانيا بالطاقة الكهربائية لمدة تزيد عن اربعة عشر عاما من الحادث وتم اغلاقهما بعد التنسيق مع وكالة الطاقة الذرية الدولية عام 2000.

تقع محطة تشرنوبل النووية على بعد 180 كيلومترا شمال كييف فيما يعرف الان باوكرانيا، الجمهورية السوفييتية السابقة. وقد وقع في هذه المحطة ما يعتبر اسوأ حادث لمفاعل نووي وذلك مساء يوم الجمعة، السادس والعشرين من نيسان عام 1986. وقع هذا الحادث بهذا الشكل الهائل لان العمليات الاعتيادية كانت معلقة داخل هذا المفاعل بينما كان يتم اجراء تجربة في غير زمانها وغير مكانها المناسبين. وفي النتيجة فقد ادى اهمال متعمد لاجراءات الامان داخل المفاعل الى حصول ما حصل. وبالرغم مما حصل، وكما في كافة الحوادث ومهما اختلف حجمها واثارها وامتدادها، فان هذا الحادث كان نتيجة لعدد من الاخطاء الصغيرة تراكمت لاحداث كارثة.

ان المفاعل الذي وقع به الحادث هو مفاعل ماء مغلي من طراز RBMK الذي يستخدم ثاني اوكسيد اليورانيوم كوقود ونسبة تخصيب اليورانيوم -235 فيه حوالى 2%، ويهدئ بالكرافيت ويبرد بالماء العادي الذي يغلي مباشرة وينتج البخار، وتبلغ درجة حرارة القلب حوالى 320 درجة مئوية(الشكل رقم 10-1). ويعد هذا المفاعل من اكثر انواع المفاعلات امانا في العالم اذا لم يكن اكثرها امانا على الاطلاق ولم يكن قد مر على تشغيلة اربع سنوات عند وقوع الحادث، فهو اذا مفاعل حديث، وقد كان هذا النوع من المفاعلات مصدر فخر لصناعة الطاقة النووية السوفييتية.

الشكل رقم1-10: الوحدة الرابعة في مفاعل تشرنوبل

في الفقرات التالية سيتم عرض الخطوط العريضة لما يمكن ان يكون قد حصل داخل المفاعل وما تبعه من عواقب. في صباح يوم الجمعة السادس والعشرين من نيسان تم تخفيض مستوى انتاج الطاقة الناتجة من المفاعل لغرض اجراء تجربة، ولكن، وبشكل غير متوقع، انخفضت طاقة المفاعل الى حد كبير غير مرغوب فيه فقد وصلت تقريبا الى الصفر. لرفع مستوى الطاقة الى حد اعلى مما وصلت اليه تم سحب بعض قضبان السيطرة من قلب المفاعل مما قد يؤدي الى رفع معدل الانشطار النووي وبالتالي ترفع قدرة المفاعل، وهذا ما حصل فقد ارتفعت قدرة المفاعل الى الوضع الطبيعي.

في وقت لاحق من اليوم ذاته بدأ الاستعداد بشكل اكبر لاجراء التجربة وذلك بفتح مضختين تقومان بتزويد قلب المفاعل بالماء لتبريده. فزيادة ضخ الماء يسرع ازالة الحرارة من قلب المفاعل، ولكن ذلك ادى الى نقص المياه المزودة لنظام التبخير. عند انتباه المشغل لنقص المياه المزودة لنظام التبخير، قام بضخ كميات مياه اضافية على امل ان يؤدي ذلك الى تعويض النقص، بالاضافة الى قيامه بسحب مزيد من قضبان السيطرة في قلب المفاعل لزيادة درجة حرارة القلب لزيادة كمية المياة الساخنة المنطلقة الى نظام التبخير. بدأ مستوى المياه في نظام التبخير بالارتفاع،

فخفض المشغل مقدار المياه المتدفق مما سبب انخفاض كمية الحرارة الخارجة من قلب المفاعل اي ان فعالية تبريد قلب المفاعل قد انخفضت.

ونظرا لسحب العديد من قضبان السيطرة اي ازدياد قدرة المفاعل، وانخفاض فعالية التبريد نتيجة لتقليل الماء المتدفق الى قلب المفاعل، فان درجة حرارة قلب المفاعل اصبحت مرتفعة جدا، هذا بالاضافة الى انخفاض الضغط داخل قلب المفاعل بسبب نقص المياه، كل ذلك ادى الى غليان المياه داخل القلب، وهي التي يجب ان لا تصل الى حالة الغليان مطلقا، وتحولت المياه الى بخار.

بدأت التجربة باغلاق صمامات المغذية للتوربينات الذي سيؤدي الى زيادة الضغط في نظام التبريد مما يؤدي الى تخفيض كمية البخار الموجودة في قلب المفاعل. الخطوة الطبيعية اللاحقة بعد اغلاق الصمامات هو سحب مزيد من قضبان السيطرة لتسريع معدل الانشطار النووي، وهذا ما يعتقد ان مشغل المفاعل قد قام به. لكن المشكلة الوحيدة كانت النقص الحاصل في كمية مياه التبريد في قلب المفاعل في وقت سابق، وهذا يعني استمرار وجود البخار داخل القلب وان سحب المزيد من قضبان السيطرة لم يؤدِ الى تقليل كمية البخار بل على العكس فان المشغل قام في الواقع بانتاج كميات اضافية من البخار في قلب المفاعل.

مع استمرار تكون البخار، وازدياد قدرة المفاعل لاحظ المشغل وجود مشكلة في المفاعل فأطفأ المفاعل بايقاف كل تفاعلات الانشطار بشكل نهائي، وهو اجراء جاء متأخرا، فقد كانت درجة حرارة المفاعل وضغطه قد ارتفعا بشكل هائل حيث بدأت قضبان الوقود بالذوبان.

بعد ذوبان قضبان الوقود وخروج اوكسيد اليورانيوم على شكل سائل، وهو الذي ينصهر عند درجة حرارة 2700 مئوية، تفاعل اوكسيد اليورانيوم مع بخار الماء الموجود داخل قلب المفاعل أدّى الى حصول انفجار ساهم في زيادته تمدد كبير لبخار الماء بسبب ارتفاع درجات الحرارة هناك مؤديا إلى تحطم الغلاف الخارجي

للمفاعل وهو نظام الاحتواء الذي يشكل الحاجز الاخير من ثلاثة حواجز بين المواد المشعة الموجودة داخل قلب المفاعل والبيئة. بذلك اصبح قلب المفاعل مفتوحا على البيئة، (الشكل رقم10-2)، وبدا الهواء الجوي بالدخول الى قلب المفاعل والذي تفاعل بدورة مع الكرافيت الموجود في قلب المفاعل والمستخدم كمهدئ، ادى اشتعاله الى تشكيل حريق كبير داخل المفاعل، ساهمت النيران المتصاعدة في بث كميات من المواد المشعة الى البيئة المحيطة بالمفاعل بعد ان كان الانفجار قد سبقها بقذف بكميات كبيرة من محتويات قلب المفاعل من المواد المشعة الى المناطق القريبة المحيطة بالمفاعل، كانت هذه المواد عبارة عن نواتج الانشطار و اوكسيد اليورانيوم المستخدم كوقود او نواتج التشعيع مثل البلوتونيوم الذي يتكون نتيجة تحول اليورانيوم- 238.

الشكل رقم10-2: المفاعل بعد الانفجار

خلال الايام التي اعقبت الحادث، قام المئات من رجال الاطفاء وغيرهم بمحاولة اطفاء النيران والسيطرة على المواد المشعة، فقد ضخت كميات كبيرة من النيتروجين السائل الى قلب المفاعل بغرض تبريده، والقت المروحيات مواد ماصة للنيوترونات على المنطقة المكشوفة من المفاعل، والقيت كميات اخرى من مواد اطفاء الحريق لوقف اشتعال الكرافيت، وبلغ حجم هذه المواد التي اسقطت على قلب المفاعل حوالي 5000 طن واستغرقت العملية حوالي عشرة ايام. بعد اطفاء

النيران المشتعلة بدء العمل لبناء ما عرف بالتابوت الحجري (الشكل رقم 10-3، الشكل رقم10-4) تشبيها بذلك التابوت الحجري الذي كان المصريون القدماء يضعون موتاهم فيه, غير ان تابوت تشرنوبل انتصب بكتلة اسمنتيه مقدارها حوالي 300 الف طن احاطت بالمفاعل وصممت بحيث تحتوي بداخلها كافة المواد المشعة التي بقيت حول قلب المفاعل وبداخلة ولم تخرج من المفاعل لحظة الانفجار. يعتقد من صمم التابوت انه قد ادى الغرض المطلوب منه وقت الحادث، لكن بعد اكثر من عشر سنوات من انشاءه بدأت تظهر فيه شقوق في مواقع مختلفة منه واصبح ملاذا آمنا لانواع مختلفة من الحيوانات، والطيور تبني فيه اعشاشها ويمكن ان تنقل المواد المشعة من داخلة الى البيئة المحيطة، كما ان تسرب مياه الامطار ساهم في اصابة حديد التسليح بالصدأ مما يساهم في اضعاف المبنى بشكل عام. ان تعرض المبنى لزلزال او لاعصار او سقوط طائرة عليه قد يؤدي الى انهياره، مما يعني انتشار المواد المشعة التي بداخله الى البيئة، لذا فانه يتم بشكل دائم دراسة السبل الكفيلة بتقوية هذا المبنى او توفير الحماية البديلة.

الشكل رقم 10-3

الشكل رقم 10-4

ان احد المآسي المصاحبة للحادث هو محاولة السلطات السوفييتية التغطية عليه وعدم اعلان حالة الطوارئ او ابلاغ مواطنيها او الدول المجاورة عن الحادث، وبقي الامر كذلك الى يومين بعد وقوع الحادث حين اكتشفت اجهزة الرصد

الاشعاعي في السويد كميات كبيرة من المواد المشعة قادمة من الشرق حيث حدود الاتحاد السوفييتي. انتشرت المواد المشعة الى مناطق بعيدة جدا عن مكان المفاعل، فقد وصلت الى اقاصي غرب اوروبا وشمالها والشرق الاوسط، وساهمت حركة الرياح التي كانت باتجاه الشمال الغربي الى نقل المواد المشعة الى شمال وغرب اوروبا بينما كان انتشارها في المناطق الاخرى اقل كثيرا. قدرت درجة حرارة قلب المفاعل بحوالي 1800 درجة مئوية لمدة 10 ثوان و 1400 درجة مئوية لمدة 10 ايام، وحصل انبعاث هائل ومفاجئ للمواد المشعة، فقد قدرت كمية المادة المشعة التي انطلقت من المفاعل بحوالي 200 ضعف ما نتج من مواد مشعة من قنبلتي هيروشيما وناجازاكي معا.

تشيرتقارير الوكالة الدولية للطاقة الذرية و منظمة الصحة العالمية عن حادث تشرنوبل بعد مرور عشرة سنوات على وقوع الحادث، الى انه لم يظهر اي اثر خطير على السكان او الانظمة البيئية التى توبعت متابعة حثيثة خلال العشر سنوات المنقضية بين الحادث ووقت صدور التقارير، لا بل ان الخطر كان منخفضا جدا للاشعاع الناتج من المناطق الملوثة بالمواد المشعة حيث لم يثبت حصول أي ارتفاع في الاصابة بالسرطان بين من كانوا يقيمون حول المفاعل، هذا بالاضافة الى عدم حصول ما يشير الى حدوث أي خلل وراثي بينهم. اما الاشخاص الذين قاموا بمعالجة آثار الحادث بين عامي 86و87 والبالغ عددهم 200,000 شخص، فقد أُدخل الى المستشفيات منهم 237 شخصابسبب معاناتهم من اعراض مرضية، تبين ان اصابات 134 منهم اصابات اشعاعية وتوفي منهم 28 شخصاً فقط عزيت وفاتهم الى اسباب اشعاعية وذلك نتيجة حروق جلدية اكثر من 50% واصابات حادة في الجهاز الهضمي لدى 11 من المتوفين.في العشرة سنوات التي تلت الحادث توفي 14 شخصا ممن عملوا في معالجة آثار الحادث ولكن هذه الوفيات كانت جميعها لاسباب لا علاقة لها بالاشعاع. كما توقعت الدراسات والتقارير التي

ظهرت بعد الحادث مباشرة حدوث 200(150 خلال10 سنوات) اصابة بسرطان دم بين هؤلاء، ولكن بعد عشرة سنوات من الحادث (أي عام 1996) لم يثبت حصول أي ارتفاع في الاصابة بالسرطان بين هؤلاء. اما سرطان الغدة الدرقية فقد اصيب حوالى 300 طفل ممن كانت اعمارهم دون 6 أشهر وقت وقوع الحادث، وتوفي منهم ثلاثة اطفال بسبب هذا السرطان. اما من كانت اعمارهم فوق ذلك فقد كانت نسب الاصابة بينهم تشبه نسب أي منطقة لا علاقة لها بالحادث. وقد بينت دراسة حديثة ان الجرعات المستلمة من قبل الاطفال المتضررين تشبه التعرض الخارجي وليس نتيجة لتلوث داخلي (بوصول نواتج الانشطار الى الغدة نفسها) كما توقعت الدراسات السابقة والتي توقعت ايضا عددا اكبر من المصابين ولفئات عمرية مختلفة. كما ثبت ان تأثير اليود في انتاج سرطان الغدة الدرقية اقل من تأثير الاشعة السينية بحوالى 1الى 3.

اجريت العديد من الدراسات لدراسة اثر حادثت تشرنوبل على الحيوانات وعملت مقارنات بين الحيونات في منطقة تشرنوبل قبل وبعد الحادث حيث لم يتبين أي تباين او اختلاف بينهما سواء اصابات في الحيوانات نفسها او عيوبا في المواليد.

5-10 الطاقة النووية والبيئة

أدى الاهتمام العالمي بتلوث البيئة من النواتج المشعة للانشطار النووي المنطلقة من المفاعلات والتفجيرات النووية الى تسريع البحث العلمي في هذا المجال، مما ادى الى توفير عدد هائل من الدراسات التي توزعت على تخصصات فرعية مختلفة تعنى بسلوك هذه المواد في عناصر البيئة المختلفة. وقد كانت هذه الدراسات اما دراسات مختبرية انتجت عددا كبيرا من النماذج لتفسير او توقع سلوك نواتج الانشطار في البيئة، او بدراسة الانبعاثات الحقيقية من هذه النواتج من المفاعلات مثل تشرنوبل وحادث جزيرة الاميال الثلاثة والتفجيرات النووية في اليابان(1945) وجزر مارشال والولايات المتحدة ومواقع أخرى من العالم.

10-5-1 المواد المشعة الناتجة من الانشطار النووي

ينتج الانشطار النووي عددا كبيرا من النويدات المشعة، تقع اعدادها الذرية بين 30 و65 بحيث يتكون بالنتيجة ذرات 35 عنصر مختلف. يفترض ان تقوم هذه الذرات بإجراء العديد من التفاعلات الكيماوية فيما بينها مما يعني توفر العديد من المركبات الكيماوية. وقد افترضت الدراسات تكون العديد من المركبات الكيماوية وهي الممكنة التكوين في الظروف الاعتيادية بين ذرات العناصر الموجودة ومن هذه المركبات ايوديد السيزيوم، اكاسيد الروثينيوم، هيدروكسيد السيزيوم ... الخ.

ان نواتج الانشطار حتى تخرج من مكانها داخل عنصر الوقود يجب ان تجتاز ثلاثة حواجز رئيسية: الاول هو حافظة عنصر الوقود نفسة والثاني الغلاف المحكم الذي يحيط بقلب المفاعل ويحتوي بداخله قلب المفاعل وما يرافقه من نظام التبريد والثالث ما يعرف بالاحتواء او الحاوية وهو يحيط بالمفاعل ككل ولا دور استراتيجي له في الظروف العادية، غير انه عند حصول خلل في قلب المفاعل فان هذا الحاجز يغلق بشكل محكم لضمان عدم خروج محتويات قلب المفاعل وتحديدا نواتج الانشطار الى البيئة المحيطة (شكل رقم 10-5). ان عناصر الوقود ونتيجة للحرارة المرتفعة داخل قلب المفاعل قد تصاب بفتق يؤي الى خروج جزء من محتواها من نواتج الانشطار وهذا يعد وضعا طبيعيا اذا كان عدد عناصر الوقود المتضررة اقل بكثير من العدد الاجمالي لعدد عناصر الوقود، فتخرج هذه النواتج خاصة تلك التي تكون على شكل غاز او هباء من حافظة الوقود وتمر عبر الحاجز الثاني وتنتشر في بيئة المفاعل داخل الحاجز الثالث الذي يسمح عبر فتحات التهوية الموجودة فيه بخروج نسبة ضئيلة جدا بحدود جزء واحد من الف جزء من محتوى الهواء الموجود داخل المفاعل الى الخارج يوميا، وهذا الجزء هو ما يسبب القلق لعامة الناس من المفاعلات النووية.

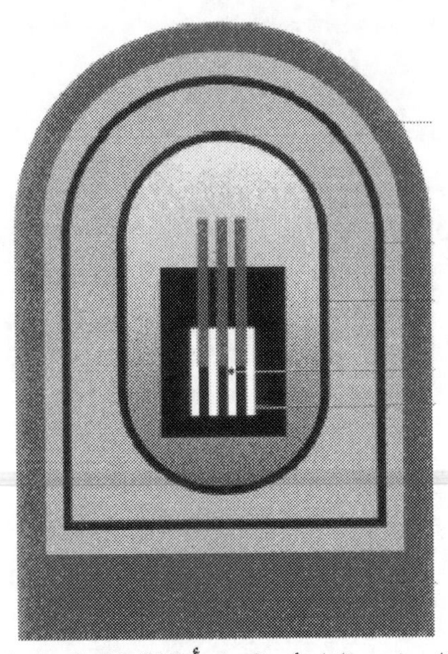

شكل رقم 10-5: الحواجز الثلاث، الاول أغلفة قضبان الوقود، والثاني الغلاف الذي يحيط بقلب المفاعل، والثالث الحاوية المحيطة بالمفاعل ككل.

ان الحالة الفيزيائية التي تتواجد عليها العناصر والمركبات المختلفة المذكورة سابقا داخل حافظة عنصر الوقود الموجود في قلب المفاعل تعتمد على درجة الانصهار والغليان لكل منها. كما ان خروج اي منها من حافظة عنصر الوقود يعتمد على هاتين الدرجتين، فمثلا في حال حصول أي صدع في الحافظة من المتوقع خروج الغازات الخاملة وهي الكربتون والزينون تليها العناصر ذات درجات الانصهار والغليان المنخفضة مثل اليود والسيزيوم والتيليريوم ثم عناصر بدرجات انصهار وغليان أعلى مثل السترونشيوم والباريوم وأخيرا العناصر المقاومة للصهر (refractory elements) مثل الزركونيوم والروثينيوم. وقد اعتمد هذا المبدأ في كافة النماذج التي اعدت لتوقع انبعاث نواتج الانشطار من المفاعلات سواء أثناء التشغيل الاعتيادي او اثناء الحوادث.

غير ان المشاهدات الميدانية بعد الانبعاثات الواقعية لنواتج الانشطار، سواء

اثناء التشغيل العادي او عند حصول حوادث نووية او التفجيرات النووية، لم تتفق ونتائج او توقعات تلك الدراسات او النماذج المعتمدة عليها. ومجمل المشاهدات كانت على النحو التالي:

أ - لا توجد مركبات كيماوية متكونة من نواتج الانشطار بشكل واضح كتلك المعروفة في الظروف العادية ولكن تجمعات متماسكة من المواد المشعة.

ب - لم يعتمد انبعاث نواتج الانشطار الى البيئة على درجتي انصهار وغليان أيٍ من هذه المواد، فمثلاً في حادث تشرنوبل،حيث حصل انبعاث هائل ومفاجئ للمواد المشعة وبلغت درجة حرارة قلب المفاعل1800 درجة مئوية لمدة 10 ثوان و 1400درجة مئوية لمدة 10 ايام، فقد انبعث من المفاعل 95% من محتوى قلب المفاعل من الروثينيوم (درجة غليانه 4150 درجة مئوية) بينما لم ينبعث الا 65% من محتوى قلب المفاعل من السيزيوم (درجة غليانه 670 درجة مئوية). ولا يزال انبعاث السيزيوم من الحادث بهذه النسبة المنخفضة لغزا لم يفسر لحد الان.

ان نواتج الانشطار هذه والتي تتجمع داخل قضبان الوقود في المفاعلات نتيجة للتشغيل الاعتيادي تشكل ما يعرف بالنفايات النووية التي يُنظَر اليها كعبئ كبير على البيئة، وان كانت هذه النفايات غير قابلة للذوبان في اغلب انواع السوائل لا بل وفي اكثر السوائل فعالية في الاذابة.

2-5-10 الاثار البيئية للمواد المشعة الناتجة من الانشطار النووي

من المفترض ان سلوك نواتج الانشطار في البيئة يُحدد من خلال شكلها الكيماوي الذي دخلت به الى البيئة. وبالتالي فان هذه المواد ستنتقل في التربة حسب تركيزها ونوعية التربة وظروف الطقس خاصة كمية الأمطار المتساقطة في مكان تواجدها. بعد دخولها التربة، تمتص نواتج الانشطار من قبل الجذور لتتوزع في اجزاء النبات المختلفة، ثم تتوزع داخل جسم الانسان او الحيوان عندما يتناول النبات الملوث وذلك بطريقة تشبه توزع العناصر المماثلة حيث يعتبر السيزيوم مماثلا

للبوتاسيوم و السترونشيوم مماثلا للكالسيوم. ويعبر عن نسب الانتقال بين النبات والحيوان او الانسان بمعامل الانتقال. كما انه عندما تدخل نواتج الانشطار الى البيئة المائية فإنها من المفترض ان تذوب وتنتشر في الوسط المائي.

بيد أن السلوك الحقيقي لنواتج الانشطار المنطلقة الى البيئة لم تكن حسب التصور المتوقع اعلاه. فعند انطلاق نواتج الانشطار من المفاعل فإنها سرعان ما تترسب على الارض، وتبين ايضا ان انتقال نواتج الانشطار في التربة يكون بطيئا جدا حيث تصل سرعة انتقالها من 0.3 الى 0.5 سم في العام الواحد وبشكل عمودي فقط حتى لو تساقطت كميات كبيرة من الامطار فوقها. هذا بالاضافة الى ان قيم معامل الانتقال ، اي انتقال المادة المشعة من النبات الى الحيوان او من النبات الى الانسان، كانت متفاوتة بشكل هائل، مما يشير الى ان آلية الانتقال لا تسير بشكل منتظم حسب التصور الكيماوي الاعتيادي. كما ان المواد المنطلقة كانت غير قابلة للتبادل الايوني وبالتالي فإن انتقالها عبر الجذر لا يتجاوز نسبة مئوية بسيطة. ونتيجة للحركة البطيئة لنواتج الانشطار في التربة تم اقتراح بديل جديد للتخلص من نواتج الانشطارالمنتشرة على سطح الارض بعد حادث تشرنوبل وهو حراثة التربة وقلبها لعمق 30 سم وذلك بدلا من ازالة الطبقات السطحية من التربة وتجميعها في مكان خاص حيث تَكَوَّنَ كمٌّ هائل من التربة الملوثة بالمواد المشعة.

ان امتصاص نواتج الانشطار في اجسام الحيوانات يكون قليلا جدا، ويتفاوت كثيرا من نوع لنوع ومن حيوان لاخر، وهذا التفاوت غير معروف الاسباب في كثير من الاحيان. كما ان وصول هذه المواد الى اللحوم والالبان ضئيل جدا ومتفاوت القيمة.

عند دخول نواتج الانشطار الى المياه، فان الكمية الغالبة منها تكون على شكل دقائقي صلب غير قابل للذوبان في الماء، لذا فإنها سرعان ما تترسب في قعر التجمع المائي سواء كان بحرا او نهرا اوبحيرة او تجمعا مائيا اكبر من ذلك او اصغر.

ان العامل المهم في تقييم الخطر الذي تمثله المواد المشعة وهي نواتج الانشطار المنبعثة من المفاعل، هو مقدار الجرعة الاشعاعية التي يتلقاها الشخص الموجود في منطقة تساقطت بها نواتج الانشطار هذه بعد خروجها او تسربها من المفاعل. لذا فقد اقترحت حدود للتعامل مع هذه النواتج، تتضمن الحد الاعلى لمقدار تركيز هذه المواد في مساحة معينة (متر مربع واحد مثلا)، ومقدار التلوث المسموح به للمواد الغذائية اي كمية المادة المشعة(الفعالية الاشعاعية) في كيلوغرام واحد من المادة الغذائية كالحليب او اللحوم او الخضروات، ومقدار تركيز المادة المشعة في الهواء الجوي الذي يستنشقه الانسان، والمرجعية التي بنيت عليها هذه الارقام هي مقدرة الحدود المذكورة(اي الفعالية الاشعاعية) في احداث جرعة اشعاعية داخل جسم الانسان تصل الى حد مكافئ الجرعة السنوي 50 ملي سيفرت في السنة. وكمثال على ذلك فان الحد الاعلى الذي لا يجب تجاوزه في تناول مادة غذائية ملوثة بالسيزيوم-137 هو ستة ملايين بيكريل سنويا(يسمى حد الاخذ السنوي)، اي ان تناول شخص ما طعاما ملوثا بالسيزيوم-137 فيجب ان لا يزيد ما يتناوله عن ستة ملايين بيكريل خلال عام واحد، وهذه بدورها سوف تعطي جسم الشخص المتناول للغذاء الملوث جرعة اشعاعية مقدارها 50 ملي سيفرت، واذا تذكرنا انه لا الخمسين ولا الخمسماية ملي سيفرت سوف تؤدي الى اضرار مباشرة او اضرار بعيدة المدى محققة، واذا عرفنا صعوبة الحصول على ستة ملايين بيكريل لتناولها في غذاء ملوث، اللهم الا في حادث اشعاعي كبير وان يكون الشخص وغذاءه في قلب الحادث، تبين لنا مقدار الخطر الوهمي الذي تمثله المفاعلات على البيئة، خاصة عندما نتذكر ان المواد المشعة الناتجة من الانشطار النووي في المفاعل ذات حركة بطيئة جدا في التربة وامتصاصها شبه معدوم في النبات وانتشارها داخل الاجسام الحية محدود جدا.

الفصل الحادي عشر

النفايات النووية

النفايات النووية

ان احد اكثر القضايا المتعلقة بانتاج الطاقة النووية اهمية قضية التخلص الآمن من النفايات النووية الناتجة من محطات اعادة معالجة الوقود النووي. وهذه النفايات يجب فصلها وتخزينها بشكل مناسب لضمان عدم تعرض الناس والبيئة للاشعاعات الصادرة منها وذلك حتى تتناقص فعاليتها الاشعاعية الى مستوى لا يشكل خطرا. وحيث ان الهدف الرئيسي من ادارة والتخلص من الفضلات المشعة هو حماية الناس والبيئة، فان ذلك يتضمن عزل وتخفيف تراكيز الفضلات الى حد يجعل تركيز اي عنصر مشع من هذه الفضلات غير ضار ومن ثم طرحها في البيئة. للوصول الى هذا الهدف فان التقنية المفضلة المتبعة الى يومنا هذا في التخلص من الفضلات المشعة هي الدفن لمدى طويل في مواقع خاصة تتوفر فيها عوامل السلامة المناسبةحيث يوفر الخزن الطويل تخفيف اشعاعية الفضلات من خلال عملية الانحلال الاشعاعي.

يمكن تعريف النفايات النووية او الفضلات النووية او الفضلات المشعة بانها تلك الفضلات التي تحتوي عناصر كيميائية مشعة لا يمكن استخدامها او غير قابلة للاستخدام في اي من الاغراض العملية المختلفة. وهذه الفضلات تكون عادة نتيجة لعمليات نووية كالانشطار النووي، فانتاج الطاقة في المفاعلات والتفجيرات النووية تنتج كميات هائلة من المواد المشعة التي تصنف كفضلات مشعة. يضاف الى ذلك المنتج الخفي للفضلات المشعة الا وهو الوقود التقليدي من فحم ونفط والذي يشكل مصدرا كبيرا للفضلات المشعة الموجودة كعناصر مشعة طبيعية مرافقة للفحم او النفط المنتج، والتي تنطلق عند حرقة الى البيئة دون ان يلقي لها احد بالا، ومع خوفنا لا بل ورعبنا من الانبعاثات الاشعاعية التي تنطلق في الهواء من المفاعلات النووية فان كمية المواد المشعة المنطلقة الى الهواء من محطات توليد الطاقة

التي تستخدم الوقود التقليدي اكبر من تلك المنبعثة من المفاعلات النووية لنفس المقدار المنتج من الطاقة.

تتناقص اشعاعية الفضلات المشعة مع الزمن في عملية التحلل الاشعاعي، فلكل من العناصر المشعة الموجودة او المكونة لهذه الفضلات عمر نصف، وهو المدة الزمنية التي تؤدي الى تناقص اشعاعية العنصر الى النصف. وكلما كانت عملية التحلل الاشعاعي اسرع اي ان فترة عمر النصف اقل فان العنصر يعتبر اكثر اشعاعية او اكثر خطورة بشكل لحظي اذا ما تم التعرض لهذا العنصر و العنصر ذو عمر النصف الاطول تكون اشعاعيته اقل وخطورة التعرض اللحظي له اقل. في الواقع فان العناصر المشعة الموجودة في الفضلات تتحول او تنحل الى عناصر غير مشعة، على سبيل المثال فان اكثر من 99,9% من المحتوى الاشعاعي لعناصر الوقود المستهلك تختفي في غضون 40 سنة. بالاضافة الى عمر النصف فان نوع الاشعاع المنبعث من العنصر المشع يعتبر مهما جدا في تحديد خطورته، اما الحالة الفيزيائية والصفات الكيميائية للعنصر فانها تحدد الية وسرعة انتقاله وانتشارة في البيئة وفي جسم الانسان. ومن العوامل التي تزيد تعقيد موضوع التعامل مع الفضلات المشعة ان بعض العناصر المشعة ينحل الى عناصر اخرى تكون مشعة هي ايضا ولكنها تختلف عن العنصر الاول من ناحية حالته الفيزيائية وصفاته الكيميائية. ورغم قناعة البعض ان الفضلات المشعة بالغة الايذاء وخطرة وتؤدي في الغالب الى الوفاة، رغم ان عدد المتوفين بسببها لا يتجاوزون اصابع اليد الواحدة وكان الاهمال الشديد وسوء ادارة المواد المشعة من اهم اسباب الوفاة او الضرر.

تصنف الفضلات المشعة الى ثلاث مستويات حسب فعاليتها الاشعاعية:

1-الفضلات منخفضة المستوى الاشعاعي: وهي المواد التي تستخدم في التطبيقات النووية المختلفة وبعد الاستخدام يتواجد فيها مقادير منخفضة من الفعالية الاشعاعية، وتشمل الورق والملابس وانظمة او ادوات الترشيح (الفلاتر).

لا تحتاج الفضلات المشعة منخفضة المستوى اي دروع اشعاعية خلال التعامل معها او نقلها الى الاماكن التي يتم فيها التخلص منها بشكل نهائي. احد اجراءات التعامل مع هذا النوع من الفضلات تخزينها لفترة تزيد عن عشرة اعمار نصف للنظير الموجود في هذه الفضلات ثم القائها في مطارح الفضلات العامة، كما يتم ضغط الفضلات لتقليل حجمها حتى لا تشغل حيزا كبيرا اثناء تخزينها.

2-الفضلات متوسطة المستوى الاشعاعي: وتحتوي كميات اكبر من العناصر المشعة، وتتكون في العادة من محاليل كيميائية واغلفة قضبان الوقود واية مواد ملوثة ناتجة من عمليات معالجة الوقود المستهلك. لتسهيل التعامل معها ونقلها يتم تحويل المحاليل الكيميائية الى اجسام صلبة وذلك بخلطها بالاسمنت وعمل قوالب منها توضع بدورها في حاويات اسمنتية للوقاية الاشعاعية. اذا كانت اعمار النصف قصيرة للمواد المشعة الموجودة في الفضلات تخزن القوالب في اماكن تخزين(مقابر فضلات مشعة) غير عميقة اما للمواد ذات اعمار النصف الطويلة فيتم خزنها في مقابر عميقة.

3-الفضلات مرتفعة المستوى الاشعاعي: تنتج من استخدام اليورانيوم كوقود في المفاعل النووي وعمليات انتاج الاسلحة النووية. يحتوي هذا النوع من الفضلات نواتج انشطار وعناصر ما فوق اليورانيوم التي تنتج في قلب المفاعل وتكون جميعها ذات فعالية اشعاعية كبيرة ودرجات حرارة مرتفعة، ويمكن اعتبار هذه الفضلات "الرماد" الناتج عن "حرق" اليورانيوم اذ تشكل ما يزيد عن 95% من مجمل الفعالية الاشعاعية الناتجة من العملية النووية في المفاعل النووي.

تخزن الفضلات مرتفعة المستوى الاشعاعي بشكل مؤقت في برك الوقود المستهلك وفي مخازن جافة. في عام 1997، وفي 20 دولة من الدول المستخدمة للطاقة النووية، كانت السعة الاستيعابية لاماكن تخزين الوقود المستهلك حوالي 148 الف طن (في المفاعلات ذاتها) كان 59% منها مشغلا، بينما كانت السعة

الاستيعابية لاماكن تخزين الوقود المستهلك حوالي 78 الف طن (خارج المفاعلات) كان 44% منها مشغلا، وتعتبر جميع هذه المخازن مؤقتة. ان عملية اختيار مواقع الدفن النهائية او اماكن التخزين الدائم في مواقع عميقة تحت الارض هي عمليات تحت الإجراء الآن في العديد من الدول. احد الخيارات المطروحة هو عمل مقبرة دولية واحدة للفضلات مرتفعة المستوى الاشعاعي من جميع انحاء العالم في مكان يمتاز بشروط جيولوجية مثالية، وقد اقترحت اماكن في روسيا واستراليا ولكن ظهرت في استراليا اعتراضات شديدة من المواطنين مما جعل الفكرة غير قابلة للتنفيذ فيها. كما اقترحت خيارات اخرى بتحويل هذه الفضلات الى فضلات اقل خطورة من خلال تشعيعها داخل المفاعلات لتنتج مواد مشعة ذات اشعاعية اقل او اعمار نصف اقصر.

وحيث ان من المستحيل انهاء الخاصية الاشعاعية للعناصر المشعة باية طريقة ممكنة كان لا بد من التصرف بادارة الفضلات التي تحوي عناصر مشعة بطريقة تؤدي الى التخلص منها بطريقة مناسبة اعتمادا على خواص الانحلال الاشعاعي وصفاتها الكيميائية وحالتها الفيزيائية سواء كانت صلبة او سائلة او غازية، مع مراعاة ان تكون المخاطر المترتبة على هذا التخلص في حدوده الدنيا وقد وضعت حدود صارمة على الجرعات الاشعاعية التي يتلقاها عامة الناس والعاملون في المجال النووي والاشعاعي جعلت العمل في المجال النووي اكثر مجالات العمل امانا. فالنفايات الغازية تمرر من خلال مرشحات ليصار الى تجميع اكبر كمية ممكنة من دقائق المادة المشعة في المرشح الذي يصبح هو بحد ذاته فضلات مشعة، والنفايات السائلة تحول بالخلط مع الاسمنت الى اجسام صلبة اما الفضلات الصلبة فانها تجمع وتضغط لتصغير حجما ان كان ممكنا ثم توضع في حاويات خاصة لتنقل الى اماكن تخزين او دفن الفضلات المشعة.

بالاضافة الى المفاعلات النووية، تنتج التطبيقات الطبية والبحثية والصناعية في المستشفيات والجامعات والمصانع كميات كبيرة من الفضلات المشعة اغلبها تكون منخفضة المستوى الاشعاعي حيث تطرح في البيئة بعد تخزين مؤقت لحين انخفاض فعاليتها الاشعاعية، ويستثنى من ذلك المصادر المشعة الكبيرة التي تستخدم في العلاج الاشعاعي الجامي لمرضى السرطان ووحدات التشعيع الجامي الصناعية حيث تتراورح فعاليتها الاشعاعية بين الف الى مليون كيوري، وهذه يتم معالجتها بحفظها في قوالب اسمنتيه وتخزن في مواقع دفن طويل المدى. وتصنف بقايا تعدين خام اليورانيوم على انها فضلات مشعة، بالرغم من انها مشعة بشكل بسيط جدا، كما ان هذه المواد تحوي مواد ذات سمية كيماوية كالرصاص والزرنيخ. من المعروف ان كميات هائلة من بقايا طحن اليورانيوم تتراكم في العديد من المناجم.

الشكل رقم 11-1: ازالة الفضلات المشعة ذات المستوى المنخفض

الشكل رقم11-2: موقع تخزين مؤقت لفضلات مشعة

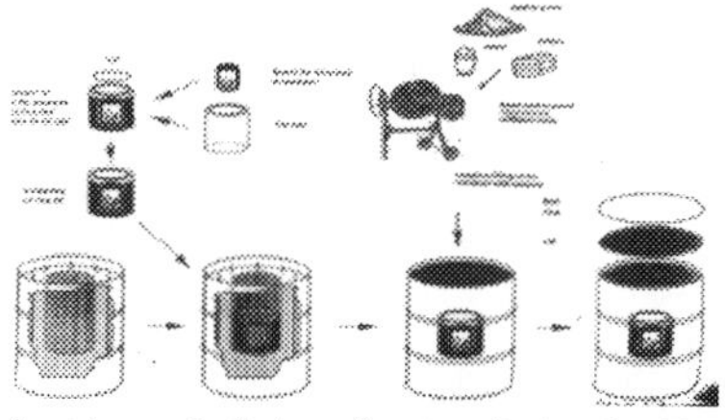

الشكل رقم11-3: معالجة مادة مشعة صلبة (بعد انتهاء استخدامها) حيث توضع في حاوية صغيرة تغلق باحكام ثم توضع في حاوية سعة 200 لتر (برميل)، التي تملأ بالاسمنت وتغلق باحكام ثم تنقل الى مكان خزن دائم

الفصل الثاني عشر

اليورانيوم المنضب

اليورانيوم المنضب

اشرنا سابقا الى ان اليورانيوم يتواجد في الطبيعة بنسب محددة من نظائره، حيث تكون نسبة نظير اليورانيوم-235 سبعة اعشار بالمئة ونظيراليورانيوم-238بنسبة 99,3% من اليورانيوم الطبيعي كما يتواجد نظير اليورانيوم-234 بنسبة ضئيلة جدا. واليورانيوم-235 اكثرها اهمية لامكانية استخدامه كوقود في المفاعلات النووية، وكمادة متفجرة في القنابل النووية الانشطارية فهو النظير الانشطاري الوحيد المتواجد في الطبيعة. اما نظير اليورانيوم-238 فاهميته تكمن في كونه يمتص النيوترونات ويتحول بعد عمليتي انحلال اشعاعي الى نظير انشطاري مهم جدا الا وهو البلوتونيوم. ومن نظائر اليورانيوم: اليورانيوم-233 وهو نظير انشطاري ايضا ولكنه غير موجود في الطبيعة وينتج من تحول نظير الثوريوم-232 بعد قذفه بالنيوترونات. وجميع نظائر اليورانيوم نشطة اشعاعيا ولكن اكثرها ميلا للاستقرار هو النظير 238 اذ يبلغ عمر النصف له 4,5 الف مليون سنة بينما عمر النصف لليورانيوم 235 هو سبعماية مليون سنة ولليورانيوم 234مئتان وخمسين الف سنة.

1-12 انتاج اليورانيوم المنضب

تتطلب بعض الاستخدامات زيادة نسبة النظير اليورانيوم-235 الى نسبة مئوية اعلى من النسبة الطبيعية الا وهي سبعة اعشار بالمئة، ويتم ذلك من خلال عملية فصل للنظائر الثلاث الطبيعية لليورانيوم، وعملية الفصل هذه تسمى بعملية التخصيب، ويكون اليورانيوم الذي زيدت فيه كمية النظير 235 باليورانيوم المخصب، فاذا كانت نسبة النظير 235 ثلاثة او خمسة بالمئة، يسمى الوقود(اليورانيوم) في هذه الحالة وقودا مخصبا بنسبة ثلاثة بالمئة او خمسة بالمئة، وتتطلب عملية التخصيب كمية كبيرة جدا من اليورانيوم الطبيعي، ينتج اغلبها كفضلات يكون نسبة النظير -235 منخفضة الى ما دون النسبة المئوية الطبيعية

(سبعة اعشار بالمئة) حيث تتراوح عادة بين عُشْرَينِ الى ثلاثة أعشار بالمئة، والكمية المتبقية من النظير -238، وهذه الفضلات هي ما يعرف باليورانيوم المنضب لانه تم انضابة او تفريغه من محتواه الطبيعي من النظير 235، ان انتاج ا كغم من اليورانيوم المخصب بنسبة 5 بالمئة يتطلب حوالي 12 كيلوغراما من اليورانيوم الطبيعي وينتج من العملية 11 كيلوغراما من اليوانيوم المنضب. وبمقارنة نسب النظير 235 بين اليورانيوم الطبيعي والمنضب نجد ان الكمية المستخلصة من اليورانيوم الطبيعي لاغراض التخصيب تشكل حوالي ستين الى سبعين بالمئة من الكمية النظير 235.

فاليورانيوم المنضب هو يورانيوم له نفس مواصفات اليورانيوم الطبيعي من الناحية الكيماوية والنواحي الفيزيائية الاخرى غير المواصفات المتعلقة بالنواة مثل عمر النصف وطاقة الاشعاعات المنطلقة من انوية ذراته غير ان الصفة الاهم هي انه الاقل نشاطا اشعاعيا عند مقارنته باليورانيوم الطبيعي ككل ونظائر اليورانيوم الاخرى متفرقة وذلك نتيجة لان عمر النصف لليورانيوم-238 والذي يشكل الجزء الغالب في اليورانيوم المنضب هو الاطول بين اعمار نصف النظائر الاخرى اذ يبلغ حوالي اربعة ونصف الف مليون سنة وهي مدة زمنية تجعل من هذا النظير كأنه غير مشع أي امكانية التعامل معه كمادة غير مشعة الى حد بعيد. ومع ذلك فانه نتيجة للمخاوف الشائعة من المواد المشعة عموما واليورانيوم بشكل خاص، فان اليورانيوم المنضب يعتبر من الناحية التقنية كفضلات نووية مشعة منخفضة المستوى ويخزن على هذا الاساس الى مدى طويل.

اليورانيوم المنضب الذي يمتاز بكثافته العالية جدا ويمكن الحصول عليه بثمن بخس اصبح شائع الاستخدام للاغراض المختلفة التي تتطلب مواد عالية الكثافة ولكن عندما يكون على شكل حبيبات فان حبيباته تكون سريعة الاشتعال كما انه يصدأ بسرعة. ولكونه من العناصر الثقيلة يعتبر اليورانيوم المنضب كما اليورانيوم الطبيعي ساما من الناحية الكيماوية مما يتطلب حذرا عند التعامل معه،

هذا بالاضافة الى انه عند تعدينه سرعـان مـن تنتشر جسـيمات صغيرة منـه في منطقة العمل.

يكون اغلب اليورانيوم المنضب على شكل فلوريـد اليورانيـوم ويخـزن في عبـوات اسطوانية من الفولاذ في الهواء الطلق بحيث تتسع الاسطوانة الواحدة الى ما يقـارب 13 طنا منه. ففي الولايات المتحـدة الامريكيـة لوحـدها يوجـد حـوالي 560 الـف طـن مـن فلوريد اليورانيـوم(المنضـب) متراكمـة حتـى عـام 1993، ويبـين الجـدول التـالي كميـات اليورانيوم المنضب بالطن في بعض الدول في السنوات المبينة في الجدول.

الدولة	كمية اليورانيوم المنضب	السنة
امريكا	480,000	2002
روسيا	460,000	1996
فرنسا	190,000	2001
بريطانيا	30,000	2001
المانيا	16,000	1999
اليابان	10,000	2001
الصين	2,000	2000
كوريا الجنوبية	200	2002
جنوب افريقيا	73	2001
المجموع	**1,188,273**	**2002**

2-12 استخدامات اليورانيوم المنضب

1-2-12 في مجال الطاقة النووية

بالرغم من ان اليورانيوم المنضب لا يستخدم في الوقود النووي بشكل مباشر، الا انه يمكن ان يستخدم كمصدر اساسي لانتاج البلوتونيوم الذي يعتبر وقودا انشطاريا ممتازا، فاليورانيوم-238 الذي يشكل اليورانيوم المنضب تمتص نواته نيوترونا واحدا وبعد خطوتي انحلال تلقائيتين يصبح نظيرا جديدا الا وهو البلوتونيوم. وبهذه الطريقة يمكن انتاج كميات هائلة من الوقود الانشطاري(البلوتونيوم) ومن خلال المفاعلات العادية وذلك بوضع اليورانيوم المنضب كغلاف حول قلب المفاعل ليصبح بعد فترة بلوتونيوم، كما ان المفاعلات المولدة وهي مفاعلات تنتج وقودا اكثر مما تستهلك يمكن ان تكون الوسيلة الاكثر نجاعة في الحصول على الوقود النووي الدائم لتكون الطاقة النووية امل المستقبل البشري بدلا من وسائل الوقود التقليدي الآيلة للنضوب من نفط وغيره.

نتيجة لكثافته المرتفعة جدا، وحيث ان اشعاعات الفا الصادرة عنه يمكن ايقافها بسهولة، فان اليورانيوم المنضب يستخدم دروعا للوقاية من الاشعاعات فعدده الذري الكبير الذي يجعل عدد الالكترونات في محيط النواة كبيرا بحيث تكون اكثر فعالية في امتصاص اشعتة جاما والاشعة السينية.

يستخدم اليورانيوم المنضب لاغراض تخفيض نسبة تخصيب اليورانيوم عندما تكون هذه النسبة مرتفعة للحصول على يورانيوم مخصب بنسبة اقل كما حصل في مفاعلات بعض الدول التي كانت تستخدم نسبا مرتفعة من التخصيب وجرى تخفيضها بتعليمات من وكالة الطاقة الذرية بعد حرب الخليج الثانية عام 1991. كما يخلط اليورانيوم المنضب مع اليورانيوم الذي كان قد خصب لاغراض عسكرية

او مع البلوتونيوم ليصبح هذا الخليط مناسبا للاستخدام في المفاعلات التجارية، وفي هذه الحالة تصبح نسبة التخصيب منخفضة الى الحد المناسب.

يستخدم اليورانيوم المنضب في الاسلحة النووية اداة للرص، تحيط بالمادة الانشطارية الموجودة داخل القنبلة وتقوم بمنع النيوترونات المنطلقة الى الخارج من الخروج وارجاعها الى الداخل كما تساهم في زيادة تماسك القنبلة لحين حصول عمليات انشطار اكبر وبالتالي استفادة اكثر من الوقود الموجود ومن ثم طاقة تدميرية اكبر. ان وجود هذه المادة كغلاف للقنبلة يزيد من فعالة القنبلة ويساهم في تقليل كمية المادة المطلوبة لتشكيل الكتلة الحرجة وهي اقل كمية لازمة لادامة تفاعل نووي متسلسل، وهذه الاضافة ميزت القنبلة التي اطلقت على ناجازاكي والتي سميت بالرجل السمين عن تلك التي القيت على هيروشيما والمعروف ان قنبلة ناجازكي كانت ذات فعالية اكبر. اما في القنابل التي تستخدم البلوتونيوم الذي يحتاج بحد ذاته الى اليورانيوم-238 وهو المكون الاساسي والوحيد تقريبا لليورانيوم المنضب.

12-2-2 الاستخدامات العسكرية لليورانيوم المنضب:القذائف المخترقة للدروع:

يمتاز اليورانيوم بكثافة مرتفعة جدا تصل الى 19 طنا للمتر المكعب الواحد اي تسعة عشر ضعفا من كثافة الماء، وهو اكثف من الرصاص بحوالي 170 بالمئة، وهذه الميزة تجعل وزنا معينا من اليورانيوم له نصف قطر(او حجم) اقل من نصف قطر وزن (او حجم) مماثل من الرصاص، مع مقاومة اقل للهواء للحجم الاقل وامكانية اكبر للاختراق نتيجة لازدياد الضغط مع تساوي الوزن وتناقص الحجم، وبالتالي فان مقدرة قذيفة مصنعة من اليورانيوم المنضب على اختراق الاجسام المعدنية وغيرها اكبر مما تستطيعه قذائف مصنعة من مواد اخرى او معادن اخرى

وجميعها اقل كثافة من اليورانيوم المنضب، وقابلية الاختراق هذه تجعل من الممكن نقل المادة المتفجرة الموجودة في قلب القذيفة بحيث تصل الى اماكن ابعد داخل الهدف بحيث لا تنفجر عند الطبقات الخارجية للهدف وانما في نقاط اقرب الى قلب الهدف مما يجعلها ذات تأثير اكبر. ونتيجة للقابلية السريعة للاشتعال عند ملامسة الهواء التي يمتاز بها اليورانيوم المنضب، فان القذائف المصنعة منه تكون حارقة بشكل اعتيادي. تنتشر ذخائر اليورانيوم التي تكون على شكل طلقات تستخدم في المدافع والدبابات والرشاشات المستخدمة في القوات الجوية والبحرية في جيوش العديد من الدول منها الولايات المتحدة الامريكية وبريطانيا واسرائيل وفرنسا والصين وروسيا والباكستان، وتصنع في حوالى 18 دولة من دول العالم.

اغلب الاستخدامات العسكرية لليورانيوم المنضب هي لطلقات من فئة 30 ملم وما دون التي تستخدم في المدافع والرشاشات المختلفة وتستخدم في رشاشات مروحيات الاباتشي، والرشاشات المستخدمة على العربات المسلحة المقاتلة، كما تستخدم في مدافع ورشاشات القوات البحرية.

استعمال آخر مهم لليورانيوم المنضب هو استعماله كوسائل (قذائف) اختراق تعتمد على الطاقة الحركية كمضاد للدروع. ان وسائل الاختراق هذه عبارة عن طلقات تتكون من جسم طويل وضعيف نسبيا مستدق الرأس ومحاط بغلاف خارجي يسهل نزعه. ويستخدم في صناعة قذائف الاختراق اما التنجستن او اليورانيوم المنضب والاخير يصنع على شكل سبيكة يضاف اليه فيها معادن اخرى مثل التيتانيوم. بالاضافة الى رخص ثمنها، فان لهذه السبيكة ميزة مهمة الا وهي سهولة ذوبانها وتشكيلها بالشكل المناسب، والعملية ذاتها مرتفعة الثمن ومعقدة في حال استعمال التنجستن بدلا من اليورانيوم. كما ان اليورانيوم يمتاز بسهولة تكون رؤوس حادة بشكل ذاتي (بما يشبه عملية بري القلم وتكوين رأس حاد له) نتيجة للطاقة الحركية التي اكتسبتها القذيفة ذات الكثافة العالية، وبقابليته السريعة

للاشتعال مما يجعل اليورانيوم مفضلا على التنجستن. عندما تصطدم القذيفة بهدف صلب والذي يكون عادة الية مدرعة، فان مقدمة القذيفة المصممة للأختراق تتحطم بطريقة معينة تجعل رأسها اشد حدة. تساهم عملية الاصطدام بين الهدف والقذيفة وما يتبعها من طاقة حرارية في تفتيت القذيفة او اجزاء منها الى غبار ومادة محترقة بسبب قابلية اليورانيوم للاحتراق. تخترق القذيفة غلاف الآلية المدرعة بشكل كامل منتجة كرة من الغبار ذات حرارة مرتفعة جدا وكمية من الغازات داخل الالية مما يتسبب بقتل وجرح الافراد المتواجدين داخلها كما تؤدي الى اشتعال الوقود والذخيرة الحربية. استخدمت الولايات المتحدة اليورانيوم المنضب في قذائف من عيار 120 و 105 في دبابات م1 ابرامز و م60، كما استخدمته روسيا في دباباتها منذ اواخر سبعينات القرن الماضي غالبا لرشاشات من عيار 110ملم في دباباتها ت-62 ورشاشات من عيار 125 ملم في دباباتها ت-64 و ت-72 و ت-80 و ت-90. كما استخدم اليورانيوم المنضب من قبل الولايات المتحدة في منتصف تسعينيات القرن الماضي لصناعة طلقات صغيرة مخترقة للدروع من عيار 9 ملم، والغام وقنابل عنقودية وقنابل يدوية ولكن هذه الاستخدامات تم ايقافها، ومن الصعوبة تحديد اذا ما كانت دول اخرى تقوم باستخدامات مشابهة.

ونتيجة لكثافته العالية فان اليورانيوم المنضب يستخدم ايضا في تدريع الدبابات، حيث توضع صفائح منه بين صفائح الفولاذ المستخدم في التدريع. ففي الانتاج الحديث من بعض انواع الدبابات الامريكية يتم تدعيم دروعها باليورانيوم المنضب، مثل دبابتي م1أ1هـ1 و م1أ2 ابرامز التي تم صنعها بعد عام 1998، حيث تم اضافة صفائح اليورانيوم المنضب في مقدمة القشرة الخارجية وفي مقدمة البرج، وهناك برنامج لاضافة اليورانيوم الى باقي الاجزاء.

3-2-12 استعمال اليورانيوم المنضب في الاسلحة النووية:

تحاط القنابل والرؤوس الحربية الحرارية النووية(او الهيدروجينية، او الاندماجية) عادة بطبقة من اليورانيوم المنضب لتحيط بالجزء الرئيسي- من الوقود الاندماجي وذلك بهدف توفير ضغط اضافي خلال عملية التفجير بما يسمح باجراء عدد اكبر من عمليات الاندماج النووي اي انتاج كمية اكبر من الطاقة النووية وبالتالي فان ذلك كله يساهم في زيادة القوة التدميرية للقنبلة. من جهة اخرى فان العدد الهائل من النيوترونات المنطلقة من عملية الاندماج وهي ذات طاقات عالية جدا تقوم بعمليات انشطار في اليورانيوم المنضب المغلف للقنبلة مما يضيف كمية جديدة من الطاقة الحرارية تنتج من القنبلة ومن ثم قدرة تدميرية اضافية، وتدعى هذه القنابل بالقنابل الانشطارية-الاندماجية-الانشطارية للاشارة الى المراحل الثلاث المتعاقبة في انتاج الطاقة ولتمييزها عن القنبلة الهيدروجينية العادية التي تتكون من مرحلتين الاولى انشطارية والثانية اندماجية. ان الجزء الاكبر من الانفجار في التصميم الثلاثي يأتي من المرحلة الثالثة حيث ينشطر اليورانيوم المنضب منتجا كميات كبيرة من نواتج الانشطار، على سبيل المثال فالقنبلة النووية الحرارية (مايك) التي تم تفجيرها عام 1952 في جزر المارشال من قبل الامريكيين قدر الخبراء ان 77 بالمئة من العشرة مليون طن من القوة التدميرية للقنبلة يعود للانشطار السريع لليورانيوم المنضب، بينما كان ما يزيد عن 90 بالمئة من القوة التدميرية للقنبلة السوفييتية الحرارية النووية (تسار بومبا-عام 1961) يعود لعملية الاندماج لان القنبلة تم تغليفها بالرصاص، وبالرغم من ان قوة القنبلة التدميرية كانت 50 مليون طن الا انه لو كان اليورانيوم المنضب مستعملا بدلا من الرصاص لكانت القوة التدميرية 100 مليون طن ولكان حجم المتساقطات من نواتج الانشطار النووي يعادل ثلث المتاسقطات في العالم كلة منذ بدء التفجيرات النووية الى ذلك العام.

12-2-4 استعمال اليورانيوم المنضب للاغراض السلمية:

لا تتعلق الاستخدامات السلمية لليورانيوم المنضب بخواصه الاشعاعية مطلقا وانما تعتمد بشكل كامل على كثافته العالية حيث يستخدم كثقالات في السفن وحفارات النفط والجيروسكوب واية اماكن يتطلب فيها استعمال اوزان كبيرة ولا يتوفراماكن واسعة لها. هذا بالاضافة الى تطبيقات بسيطة في المنتجات الاستهلاكية حيث يدخل في صناعة بعض انواع الاصباغ والمواد المستخدمة في الطلاء، ويدخل في البورسلان المستخدم في صناعة الاسنان وفي مختبرات الكيمياء.

من الاستخدامات السلمية الشائعة لليورانيوم المنضب استعماله كاثقال للموازنة في الطائرات، فطائرة البوينغ 747 مثلا قد تحتوي من 400 الى 1500 كيلوغرام منه، ولكن في بعض انواع الطائرات لا يستخدم لخوف المصنعين من احتمالية ان يكون اليورانيوم المنضب احد عوامل احتراق الطائرات نتيجة لسرعة احتراقة. اما الاستعمال غير المتوقع فهو استعماله في سيارات السباق فورميولا 1، فتعليمات السباق تشترط ان لا يقل وزن السيارة عن 600 كيلوغرام وحيث ان السيارات تصنع باحجام صغيرة والمواد التي تصنع منها السيارات لا تفي بشرط الوزن عندها يتم اضافة اوزان من اليورانيوم المنضب بشكل متوازن على طرفي السيارة. في مجال اخر، تبين ان استعمال اليورانيوم المنضب بدل الحديد الموجود كثقالة في صناعة الرافعات الشوكية سيؤدي الى ثورة في هذه الصناعة مبشرا بمفاهيم تصميمية لم تكن متاحة سابقا. فالتخفيض الذي يمكن ان يوفره اليورانيوم في المساحة المطلوبة لعمل الرافعة سيؤدي الى تقليل حجم الرافعة مما يؤدي الى توفير 10 بالمئة من المساحة التي كانت تستخدمها الرافعة قبل استعمال اليورانيوم.

تمتاز اكاسيد اليورانيوم بمواصفات كهربائية والكترونية تكافئ او افضل من مواصفات اشباه الموصلات التقليدية اي السيليكون والجرمانيوم والجاليوم، وبالتالي فقد برز الى الواقع العملي صنف جديد من اشباه الموصلات ذات الاداء

العـالي الا وهـو اشـباه الموصـلات المعتمـدة عـلى اكاسـيد اليورانيـوم. ولاكاسـيد اليورانيوم ميزات عدة تجعلهـا مفضـلة عـلى اشـباه الموصـلات التقليديـة منهـا امكانيـة تشغيلها في درجات حرارة اعلى ومقاومتها الاكبر للقوى الكهرومغناطيسية وللاشعاع.

الشكل رقم 12-1 : الدبابة الامريكية م1أ2 ابرامز تطلق قذيفة من اليورانيوم المنضب

الشكل رقم 12-2:دبابة عراقية ت-72 اصيبت بقذيفة خارقة من اليورانيوم المنضب

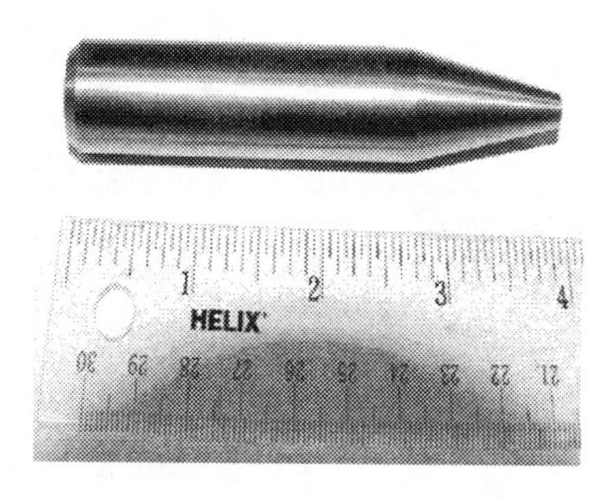

الشكل رقم 12-3: قذيفة خارقة من اليورانيوم المنضب عيار 30 ملم

12-3 التأثيرات الصحية لليورانيوم المنضب

يعتبر استخدام اليورانيوم المنضب في المقذوفات المتفجرة الاستخدام الوحيد الذي يتضمن مخاطر واقعية من التعرض لاستنشاق او ابتلاع دقائق اليورانيوم المنضب، وهي مخاطر ترافقت دائما مع الكثير من الجدل وكانت محل اختلاف كبير بين المختصين في مجال التأثيرات الصحية للاشعاع. وللمقارنة فانني اذكر بعض الحقائق العلمية المنشورة حول التعرض الاشعاعي في منشآت معالجة اليورانيوم والمخاطر المرافقة للعمل في بيئة مليئة باليورانيوم وليس تراكيز بسيطة كما في حال استخدام اليورانيوم في الاسلحة. هذه الحقائق منشورة في مجلة الوقاية الاشعاعية لعام 2000 (*J. Radiol. Prot.* **2000**) وتلخص نتائج متابعة 19 الف عامل في مجالات انتاج اليورانيوم المختلفة من التعدين الى التخصيب وتصنيع الوقود للفترة الزمنية 1946-1995، حيث توبع هؤلاء لمدة 25 عاما. ولهذه الدراسة اهمية كبيرة في توفير معلومات مهمة حول الوفيات و الاصابات بالسرطان المحتملة بين العاملين في هذا المجال الذي يتميز بوجود العامل فيه في وسط يتواجد فيه اليورانيوم حيث يمكن ان يبتلع ويستنشق كميات كبيرة منه بالاضافة الى ان كل جسمه يتلقى جرعات اشعاعية منتظمة من اشعة جاما، اما اذا تم اذابة مركبات اليورانيوم او

دقائقة فان الانسجة الداخلية ستمتص جرعات منه مما يجعل تعرضها للاصابة بالسرطان اكثر احتمالية من انسجة اشخاص اخرين لا يعملون في المجال او تعرضوا لليورانيوم خلال فترة قصيرة او بتراكيز قليلة. من اهم نتائج هذه الدراسة كان الاتي:

- الاشعاع من اقل الاسباب المؤدية للوفاة مقارنة بمسببات الوفاة المختلفة.
- لا يوجد ترابط احصائي ذو معنى يربط بين الاصابة بسرطان الدم والجرعات الاشعاعية.

اما الدراسات التي اجريت مباشرة بعد حرب الخليج الثانية عام 1991 وتلك التي سبقت هذه الحرب فانها لم تستطع ايجاد اي اثبات او لم تجد اي علاقة بين اليورانيوم المنضب والاصابة بالسرطان وبينه وبين العيوب الخلقية الوراثيةالناتجة في الطيور، غير ان بعض الدراسات الحديثة قدمت تفسيرات للعيوب الخلقية الوراثية في الطيور، وهي تفسيرات لا ترقى الى التبرير العلمي القاطع، بينما ترضي مجموعات المدافعين عن البيئة الذين يعبرون دائما عن وجود علاقة بين اليورانيوم المنضب والتأثيرات الصحية المختلفة وهي مسألة لا تزال تحت البحث والنقاش المستفيضين، وان كان هناك العديد من العوامل الاساسية التي تحسم المسألة في عدم وجود مخاطر حقيقية لليورانيوم المنضب منها ان اشعاعية اليورانيوم المنضب ضعيفة جدا وان الاشعاعات الصادرة منه هي في الاغلب اشعاعات الفا وبيتا، والاولى لا تستطيع اختراق ورقة عادية فكيف تخترق كتلة اليورانيوم المنضب، والثانية لا تستطيع النفاذ منه ايضا لارتفاع كثافته حيث ان اليورانيوم المنضب يستخدم لايقاف اكثر انواع الاشعة اختراقا الا وهي اشعة جاما وانه يستخدم في صناعة الدروع حول المفاعل لمنع نفاذ هذه الاشعاعات. غير ان الذين يقولون بخطورة هذه المادة وتحديدا في صناعة المتفجرات يؤكدون وجود ادلة على وجود

اضرار لليورانيوم المنضب في تجارب اجريت على الفئران في انه يقوم بدور مثير للتحول الجيني مما يسبب حصول ما يشبه انتاج مواليد مسخ من تلك الفئران، كما يقولون انه مسمم للاعصاب ويشتبه في انه قد يكوِّن او يولِّد السرطان وذلك نظرا لعمر نصفه الطويل البالغ اربعة ونصف الف مليون سنة. ويضاف الى ذلك سميته الكيماوية التي تشبه سمية الرصاص والعناصر الثقيلة الاخرى.

ان المخاطر الاشعاعية الاساسية الناتجة من اليورانيوم المنضب تعود لانبعاث جسيمات الفا وبيتا وهي اشعاعات ذات امكانية اختراق ضئيلة ومحدودة كما ان عمر النصف الطويل تحقق ميزة ايجابية لليورانيوم المنضب حيث يعني ذلك ان اشعاعيته ضعيفة جدا، غير ان الذي يجب ان نلقي له بالا هو السمية الكيماوية لليورانيوم بكافة مركباته واشكاله الكيماوية، وهذه الخاصية هي التي جعلت من خطورة اليورانيوم موضوعا ذو قيمة، فالاشخاص الذين يعيشون في مناطق يتواجد فيها اليورانيوم المنضب سوف يستنشقون الهواء ويشربون الماء وهما مصدرين اساسيين للتلوث من الناحية النظرية على الاقل. اما من الناحية العملية فعندما نتحدث عن تراكيز اليورانيوم الموجود في منطقة ما فيجب ان نتحدث عن مقدار هذه التراكيز وطبيعة المنطقة من حيث نوعية التربة وحركة الرياح وكمية الامطار وطبيعة حياة الناس وفي كل الحالات التي استخدمت فيها قذائف اليورانيوم المنضب فان التراكيز التي كانت متاحة منه لتصل الى اجسام الناس كانت ضئيلة جدا وقد بينت الكثير من الدراسات ان ذخائر اليورانيوم المنضب ليس لها اي اثار صحية بشكل اكيد سواء على المدى القريب او المدى البعيد، فقد اشارت تقارير الوكالة الدولية للطاقة الذرية الى انه وبناءا على ادلة علمية موثوقة، لا يوجد رابط مثبت بين التعرض لليورانيوم المنضب وزيادة عدد حالات الاصابة بالسرطان او اية تأثيرات على الصحة او البيئة، غير ان اليورانيوم المنضب يمكن ان يشكل خطرا من الناحية الكيماوية كونه عنصر ثقيل وكل العناصر الثقيلة تعتبر سامة شأنه في

ذلك شأن الرصاص المستخدم في العديد من اغراضنا الحياتية. وفي حال ابتلاع او استنشاق كميات كبيرة من اليورانيوم المنضب فان لك يعتبر ضارا ويمكن ذلك ان يسبب ايذاء الكلى.

بينت الدراسات التي اجريت على التعرض لليورانيوم المنضب ان الدقائق المحترقة منه والتي تكون منتشرة في الهواء سرعان ما تترسب على الارض وبالتالي لا تؤثر، في حال تأثيرها، الا على السكان القريبين من مناطق تواجد اليورانيوم. وفي حال ابتلاع او استنشاق هذه الدقائق سوف لن تذوب في سوائل الجسم وبالتالي فانها يمكن ان تتجمع في الرئتين او الكليتين، ولكن هذه الدراسات ربما اهملت احتمال تشكل غاز اوكسيد اليورانيوم الثلاثي(UO_3) الذي يتشكل اثناء عملية الاحتراق وقد يبقى في الهواء لمدة اسابيع ويمكن ان يستنشق من قبل الناس في مناطق تواجده ليتراكم في انسجة الجسم وهذا التراكم لا يكون الا اذا كانت المكونات قابلة للذوبان وهي احتمالية ضئيلة جدا في حالة اليورانيوم المنضب المحترق.

4-12 الوضع القانوني لاستخدام اليورانيوم المنضب للاغراض العسكرية

قدمت لجنة الامم المتحدة لحقوق الانسان في جنيف قرارا لمنع استخدام اليورانيوم المنضب للاغراض العسكرية وذلك في عامي 1996 و 1997. وقد توصلت اللجنة الفرعية الى قرارات تتضمن اعتبار اسلحة اليورانيوم المنضب ضمن اسلحة الدمار الشامل وانها لا تتوافق مع قوانين حقوق الانسان. ومن المبررات التي قدمت لاعتبار استخدام اسلحة اليورانيوم المنضب مخالفا لحقوق الانسان ان اثر هذه الاسلحة غير محصور بالمكان والزمان القانونيين للمعركة او للاغراض العسكرية، فاثرها يمتد الى مدى بعيد بعد انتهاء المعركة، وانه غير انساني لمقدرته

على التسبب بوفيات من السرطان وامراض اخرى تنتج بعد وقت غير قصير من المعركة، وانه يتسبب بالاذى للمدنيين في المستقبل بمن فيهم اولئك الذين لم يكونوا قد ولدوا وقت حصول المعركة حيث يتسبب بتلويث هوائهم الذي يستنشقوه ومياههم التي يشربونها وان له اثرا سلبيا على السلسلة الغذائية وعلى البيئة.

وقد بين تقرير اخر للامم المتحدة عام 2002 ان استخدام اسلحة اليورانيوم المنضب يعتبر اختراقا للاعلان العالمي لحقوق الانسان وشرعة الامم المتحدة واتفاقية جنيف الثالثة ومعاهدة الاسلحة الكيماوية وغيرها من المعاهدات والاتفاقيات الدولية التي وضعت لحماية المدنيين من المعاناة اثناء وبعد النزاعات المسلحة.

ان واقع الحروب التي وقعت بالعراق وان اشارت الى العديد من الاثار الصحية وازدياد حالات السرطان وولادة اطفال مشوهين، ومع ان هذه الارقام حقيقية، الا انها لا يمكن ان تعزى الى استخدام اسلحة اليورانيوم المنضب وانما يمكن ان تعزى لاسباب او انواع اخرى من الاسلحة لم تتحدث عنها الدول الغازية للعراق وليس ادل على ذلك من استخدام اسلحة كيماوية اكثر من مرة وفي اكثر من موقع منذ الغزو الاخير للعراق قبل ثلاثة اعوام وخلال العمليات العسكرية ضد المقاومة العراقية، فالمسبب لهذه الوفيات وهذه التشوهات قد يكون اسلحة كيماوية او بيولوجية لم يعلن عنها ولا يمكن التحقق من وجودها اما اليورانيوم المنضب فيمكن اكتشاف وجوده بسهولة بالغة ومع الرعب السائد بين الناس والعائد الى ما كل هو نووي او اشعاعي، كان من السهولة ايضا اتهامه بانه هو المسبب لهذه الحالات.

الشكل رقم 12- 4:بقايا قذائف من اليورانيوم المنضب التي استخدمت في الغزو الامريكي للعراق

* Abdul-Wali Ajlouni. "Deep Atomic Binding Hypothesis". ISBN: 978-3-8383-7930-2. LAP LAMBERT Academic Publishing AG & Co. KG, Dudweiler Landstr. 99, 66123 Saarbrücken Germany, 2010 (Under publication procedure). https://www.lap-publishing.com/.

*Ajlouni,A-W., "Deep Atomic Binding (Dab) Hypothesis, A New Approach Of Fission Product Chemistry",1CONE14-89054, 14th International Conference On Nuclear Energy, July 17-20, 2006 Miami, Florida, USA.

*ANL/5800, "Reactor Physics Constants", Argon National Laboratory, Published by U.S Atomic Energy Commission 1963.

*Bowler, M. G., "Nuclear Physics" 1st Edition.Pergamon Press Ltd, 1973.

* Choppin, Liljenzin and Rydberg (2002). Radiochemistry And Nuclear Chemistry, 3rd editon, Butterwort-Heinemann.

*Cohen, B.L., "Concepts of Nuclear Physics", 1st Edition, McGraw-Hill, 1971.

*GE Nuclear Energy "Nuclides and Isotopes" 14th Edition, General Electric Co., Nuclear Operations, San Jose, CA,USA, 1989.

*Kaplan,I., "Nuclear Physics", 2nd Edition, 9th Printing, Addison-Wesley Publishing Co., 1979.

*Klimov,A., "Nuclear Physics and Nuclear Reactors", Mir Publishers, Moscow, 1981.

*Krane,K.S., "Introductory Nuclear Physics", John Wiley and Sons Inc., Canada, 1988.

*Lamarsh,J.R., "Introduction to Nuclear Engineering", Addison - Wesley Puplishing Co., Reading, MA., 1975.

*Levine,S.H., " Basic Thermal Reactor Physics and Safety", Proc. W.Shop on "Nuclear Reactors: Physics, Design, and Safety", ICTP, 1994, World Sci. Pub. Co., Singapore, 1995.

*Lewis,E.E. ,"Nuclear Power Reactor Safety", John Wiley and sons Inc., U.S.A.,1st Edition, 1977

*Marshall,W., "Nuclear Power Technology", Vol.II: "Fuel Cycle", Oxford Unv. Press, 1st Edition, 2nd Reprinting, NY, USA, 1985.

*Marshall,W., "Nuclear Power Technology", Vol.I: "Reactor Technology", Oxford Unv. Press, 1st Edition, 2nd Reprinting, NY, USA, 1986.

*Meyerhof,w., "Elements of Nuclear Physics" 1st Edition, McGraw Hill, Inc., NY, USA, 1967.

*Michaudon,A., "Safety-Related Aspects of Nuclear Fission", Proc. W.Shop on "Computation and Analysis of

Nuclear Energy and Safety", ICTP, 1992, World Scientific Pub. Co. Singapore, 1993.

*Serway, R. A., and Beichner, R., J., "Physics for Scientists and Engineers, with Modern Physics", 5th Edition, Saunders College Publishing, 2000.

*www. Wikipedia, the free encyclopedia.htm.

* ل. موري "الطاقة النووية"، الطبعة الثانية. ترجمه الى العربية د. منيب عادل خليل، وطبعته جامعة الموصل عام 1987.

* أ. نيرو "دليل المفاعلات النووية"، من منشورات منظمة الطاقة الذرية العراقية عام 1987، ترجمه الى العربية د. حمزة الدجيلي و د. صالح الخفاجي.

* آي. روكسبيرك "الكون الذري". من منشورات منظمة الطاقة الذرية العراقية عام 1987، ترجمه الى العربية د. موسى الجنابي.